电力系统网络及安全防护设备加固技术问答

孔德全　主编

中国电力出版社
CHINA ELECTRIC POWER PRESS

内 容 提 要

本书结合网络安全防护设备加固实际，从基础知识、网络设备、安全防护设备、操作系统、关系数据库五方面，给出了加固中常见的问题和解决方法。

本书可供从事电力监控系统网络安全防护的技术人员参考使用。

图书在版编目（CIP）数据

电力系统网络及安全防护设备加固技术问答 / 孔德全主编 . — 北京：中国电力出版社，2022.12

ISBN 978-7-5198-7054-6

Ⅰ . ①电⋯ Ⅱ . ①孔⋯ Ⅲ . ①电力系统—网络安全—防护设备—问题解答 Ⅳ . ① TM7-44

中国版本图书馆 CIP 数据核字（2022）第 171837 号

出版发行：中国电力出版社
地　　址：北京市东城区北京站西街 19 号（邮政编码 100005）
网　　址：http：//www.cepp.sgcc.com.cn
责任编辑：闫姣姣（010-63412433）
责任校对：黄　蓓　王海南
装帧设计：赵丽媛
责任印制：石　雷

印　　刷：望都天宇星书刊印刷有限公司
版　　次：2022 年 12 月第一版
印　　次：2022 年 12 月北京第一次印刷
开　　本：710 毫米 ×1000 毫米　16 开本
印　　张：6.75
字　　数：105 千字
印　　数：0001—1500 册
定　　价：38.00 元

《电力系统网络及安全防护设备加固技术问答》

编委会

主　　任　贺　文

副 主 任　何　锐

主　　编　孔德全

编写人员　刘　超　王绍先　马　帅　寇　琰　周　卓
　　　　　詹兆东　李晨程　李　凯　王　剑　徐文斌
　　　　　王二庆　王　超　黄　瀛　王馨竹　柴小亮
　　　　　王　淼　石　麒　马　杰　陈文军　杨　浩
　　　　　马骁川　王飞鹏　季　升　杨　宁　彭嘉宁
　　　　　张宏杰　贺建伟　郑铁军　程冀川　丁　娟

前言

随着电力系统网络近几年的不断发展和技术创新，电力系统网络技术已经逐步应用电力生产和电力供应系统之中，并且提供了快捷、方便、安全、稳定的电力传输途径。与此同时，电力系统网络呈现出稳定化、简单化、人性化、远程化、智能化趋势，并朝着综合、智能阶段发展。电力监控系统网络安全是一个系统性的、整体性的问题，系统中任何一个漏洞或威胁都有可能造成全网的安全问题，必须遵循电力行业安全防护原则和要求，切实做好分层分区，突出重点、强化边界网络安全防护，通过系统性的安全加固、制定行之有效的网络安全加固方法，落实工作人员安全意识等措施，提高电力监控系统运行安全性与稳定性。

网络与信息安全形势日益严峻，中央及国家相关部门高度关注近年来各国发生的网络安全事件，国网公司每年组织电力监控系统安全防护专项检查，检查中发现了一些亟待封堵的系统漏洞问题。为进一步提升安全防护水平，需要对电力监控系统网络及安全防护设备用户及口令进行细化，安全策略进行梳理，日志与审计的上送进行规范。且随着软件版本迭代更新，电力监控系统网络及安全防护设备在运行过程中可能出现漏洞或威胁，对电力监控系统的安全构成隐患，所以应遵循电力行业安全防护原则和要求，通过安全加固，消除或降低信息系统的风险，提高网络主机以及业务系统的安全性和抗攻击能力，从而提升整个应用系统的安全水平。

为帮助从事电力系统网络安全的工作人员提升电力监控系统安全防护设备加固技能，特编写《电力系统网络及安全防护设备加固技术问答》。本书结合网络安全防护设加固实际，从基础知识、网络设备、安全防护设备、操作系统、关系数据库五方面，给出了加固中常见的问题和解决方法，希望能快速帮助从业人员全面开展网络安全防护设备加固工作。

由于编者水平有限，书中疏漏和不足之处在所难免，恳请广大读者批评指正。

编　者

2022 年 9 月

目 录

第一章 基础知识

1. 什么是电力系统网络设备?

答：电力系统网络设备是各类监控系统的重要组成部分，具体包括调度数据网路由器、调度数据网接入交换机和局域网交换机。其中调度数据网路由器用于主站与厂站以及主站之间调度数据网纵向数据的转发；调度数据网接入交换机用于调度数据网实时、非实时业务数据交换；局域网交换机用于局域网数据的交换和转发。

2. 什么是电力系统安全防护设备?

答：电力系统安全防护设备是从边界防护、内部管控、监测预警等多维度实现电力系统安全防护的设备。主要包括纵向加密认证装置、正/反向安全隔离装置、防火墙设备和入侵侦测设备（IDS）。其中纵向加密认证装置是电力系统部署在安全 Ⅰ 区（控制区）、Ⅱ区（非控制区）的纵向网络边界安全防护设备；正/反向安全隔离装置是安全Ⅰ、Ⅱ区与Ⅲ区（管理信息大区）之间正反向单向传输的电力专用安全防护设备；防火墙设备是部署在安全Ⅰ区与Ⅱ区横向网络边界上的逻辑隔离设备；入侵侦测设备（IDS）是检测安全Ⅰ区和Ⅱ区的网络边界攻击行为的安全防护设备。

3. 什么是电力加固技术?

答：电力加固技术是指根据专业安全评估结果，制订相应的系统加固方案，针对不同目标系统，通过打补丁、修改安全配置、增加安全机制等方法，合理进行安全性加强。电力加固技术包含自加固、专业安全加固两个部分。自加固是指电力系统业务主管部门或电力系统运行维护单位依靠自身的技术力量，对电力系统在日常维护过程中发现的脆弱性进行修补的安全加固工作。专业安全加固是指在信息安全风险评估或安全检查后，由信息管理部门或系统业务主管部门组织发起，开展的电力系统安全加固工作。

4. 电力系统网络会面临哪些问题？

答：电力系统网络会面临以下问题：

（1）电力系统感知层设备感知能力不足，缺乏针对重要敏感数据、人员异常行为等威胁的主动探测、发现的技术手段，针对新技术、新业务、新设备的配套安全防护措施需研究应用，海量网络安全信息缺乏智能研判、综合分析、自动处理技术手段。

（2）电力系统软硬件研发测试、规划采购、建设实施、安全运行等阶段的全过程网络安全管理不严密，网络安全设备"三同步"难以全面落实。

（3）网络安全应急处置和风险认知能力有待提升。缺少针对不同类型、不同程度网络安全事件的应急支撑技术手段，未形成多级协同的网络安全事件应急处置体系。缺乏有效地运维管控手段，未有效实现"事前验证准入、事中安全可控、事后有据可查"，存在潜在安全风险。

5. 为什么要加固，加固解决什么问题？

答：为降低信息系统的外部威胁，防范非法访问和外来入侵，提高信息系统运行稳定性、可靠性、操作系统、监控系统、数据库系统需要进行安全加固。

加固解决的问题有：

（1）减少软件版本迭代可能出现的漏洞威胁，降低、消除信息系统风险。

（2）通过用户弱口令细化，对安全策略进行梳理，规范日志与审计上送，增强信息系统安全稳定运行能力。

（3）关闭不安全系统端口，防范恶意入侵、非法访问，消除系统安全漏洞隐患。

随着 IP 技术的飞速发展，一个组织的信息系统经常会面临内部和外部威胁的风险，网络安全已经成为影响信息系统的关键问题。虽然传统的防火墙等各类安全产品能提供外围的安全防护，但并不能真正彻底的消除隐藏在信息系统上的安全漏洞隐患。

信息系统上的各种网络设备、操作系统、数据库和应用系统，存在大量的安全漏洞，比如安装、配置不符合安全需求，参数配置错误，使用、维护不符合安全需求，被注入木马程序，安全漏洞没有及时修补，应用服务和应用程序滥用，开放不必要的端口和服务等等。这些漏洞会成为各种信息安全问题的隐患。一旦漏洞被有意或无意地利用，就会对系统的运行造成不利影响，如信息系统被攻击或控制，重要资料被窃取，用户数据被篡改，隐私泄露乃至金钱上的损失，网站拒绝服务。面对这样的安全隐患，安全加固是一个可靠的解决方案。

6. 加固有哪些技术?

答: 加固技术包括：安全配置设置、安全补丁程序安装、采用专用软件强化操作系统访问控制能力、配置安全的应用程序，具体分为：①账号权限加固；②网络服务加固；③数据访问控制加固；④网络访问控制加固；⑤口令策略加固；⑥用户鉴别加固；⑦审计策略加固；⑧漏洞加固；⑨恶意代码防范。

7. 加固技术发展方向是什么?

答: 随着互联网技术的迅速发展，网络规模迅速扩大，安全问题变得日益复杂，建设可管、可控、可信的网络也成为重要工作，在网络设备蓬勃发展的带动下，加固技术步入高速发展阶段，加固技术发展方向为：

（1）主动防御。主动防御是通过分析扫描指定可疑程序，提前高效准确地对蠕虫、木马等病毒或恶意攻击行为进行防控。

（2）安全技术融合。加固技术整体解决方案更加集成化、智能化，便于集中管理，因此以终端准入解决方案为代表的网络管理软件将会融合进整体的安全解决方案。

（3）数据安全保护系统。数据安全保护系统是以全面数据文件安全策略、加解密技术与强制访问控制有机结合为设计思想，对信息媒介上的各种数据资产，实施不同安全等级的控制，有效杜绝机密信息泄漏和窃取事件。

8. 网络设备加固有哪些步骤?

答: 网络设备加固步骤如下：①设备管理配置；②用户与口令配置；③网络服务配置；④安全防护配置；⑤日志与审计配置。

9. 安全防护设备加固有哪些步骤?

答: 安全防护设备加固步骤如下：①设备管理配置；② 用户与口令配置；③安全策略配置；④日志与审计配置。

10.操作系统加固有哪些步骤?

答: 操作系统加固步骤如下：①配置管理配置；②网络管理配置；③接入

管理配置；④外部连接管理配置。

11.数据库加固有哪些步骤？

答：数据库加固步骤如下：①用户管理配置；②口令管理配置；③数据路操作权限管理配置；④数据库访问最大链接数管理配置；⑤日志管理配置；⑥文件及程序代码管理配置；⑦资源限制配置；⑧访问 IP 限制配置；⑨数据库备份配置。

12.什么是设备的 Console 接口？

答：设备的 Console 接口是电力系统网络及安全防护设备与计算机或终端设备进行连接的常用接口。网络及安全防护设备通过专用连线（Console 线）与调试计算机或终端设备相连进行设备调试。

13.SecureCRT 使用方法？

答：（1）在电脑上查看使用的是哪个串口，在桌面的计算机上单击鼠标右键，选择管理（如图 1-1 所示）。

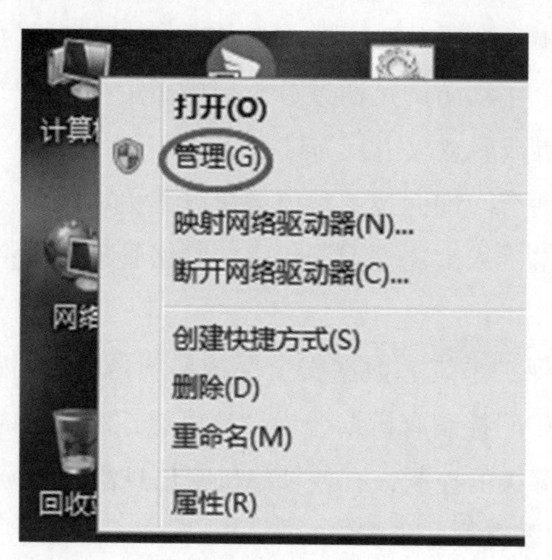

图 1-1　管理打开方法

（2）选择左侧的设备管理器，在右边点开端口（COM 和 LPT）前面的三角符号，就可以看到所使用的串口，这里使用的是串口 2（如图 1-2 所示）。

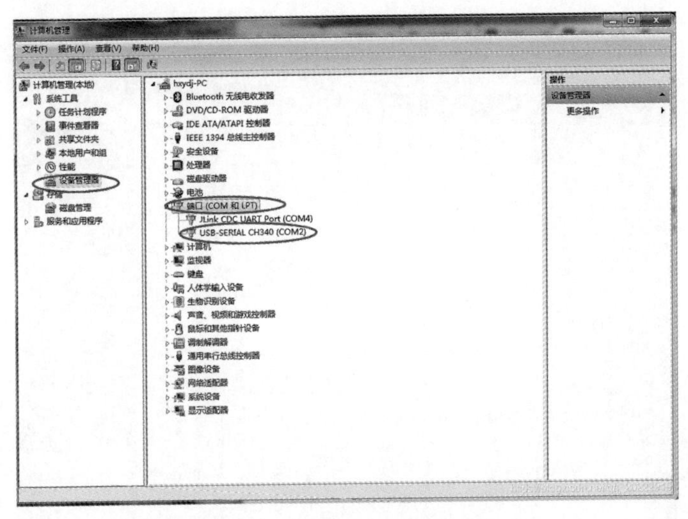

图 1-2　在管理中查看串口

（3）打开 secureCRT 程序，点击快速连接的窗口，如图 1-3 所示。

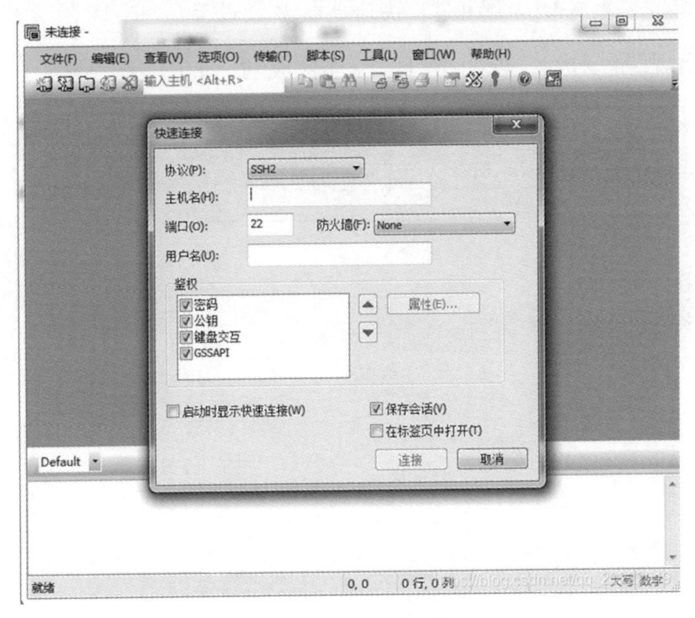

图 1-3　快速连接窗口

（4）“协议”选择串口，“波特率”根据设备设置，“流控（流量控制）”三个选项全不选，其他的保持默认就行，然后点连接，如图 1-4 所示。

图 1-4　快速连接参数设置

（5）出现绿色对勾，说明串口已经连接成功，如图 1-5 所示。

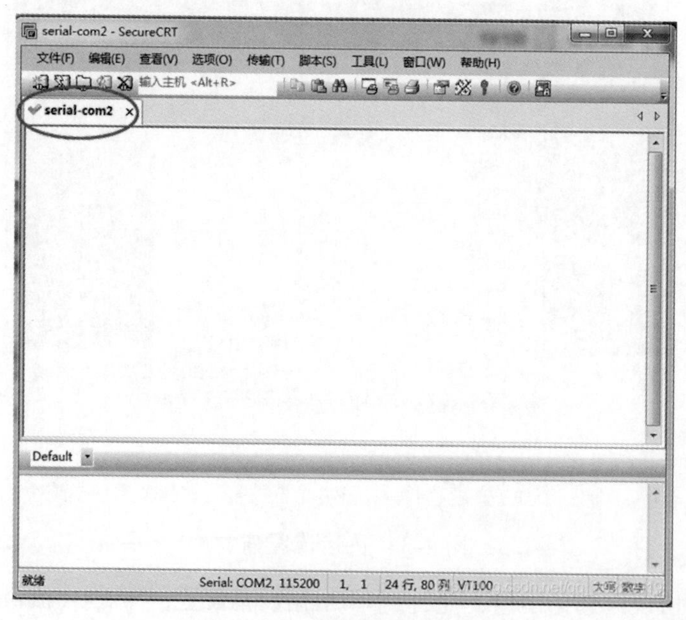

图 1-5　串口连接成功

14.vi 编辑器是什么？如何使用？

答：vi 编辑器是 Linux 最基本的文本编辑工具，只能编辑字符，不能对字体、段落进行排版；它既可以新建文件，也可以编辑文件；vi 编辑器没有菜单，只有命令。通过文本编辑实现 linux 系统各种功能。

vi 编辑器里有三种模式：命令模式，输入模式和末行模式。

（1）命令模式是 vi 编辑器进入后的默认模式，是只读模式，只能进行简单的光标移动、删除等操作。从命令模式可以切换到输入模式和末行模式，当进入另外两种模式后，可使用“ESC”键退回到命令模式。

（2）输入模式就是可对本文做输入、增加、删除、修改的操作模式。否则在命令模式下，vi 编辑器是只读模式，无法对文本做出更改。

（3）末行模式是可执行保存或者不保存退出的模式。

第二章　网络设备

第一节　数据网路由器

1. 以 H3C（46–20）路由器为例，简述设备管理中本地登录加固项目的操作步骤。

答：本地登录加固是通过对本地 console 口进行配置，配置用户名和口令进行认证。

<Route> system-view（用户模式切换至系统模式）

[Route]user-interface con 0（进入 console 接口配置模式）

[Route]authentication-mode scheme（console 口登录模式为用户名和密码验证）

[Route]idle-timeout 5 0（console 口登录 5 分钟无操作自动退出）

2. 以 H3C（46–20）路由器为例，简述设备管理中远程登录加固项目的操作步骤。

答：远程登录加固配置应将人员远程登录设置为 SSH 协议。

<Route> system-view（进入系统模式）

[Route]ssh server enable（开启 ssh 服务）

[Route]ssh user 用户 1 authentication-type password（ssh 用户“用户 1”认证方式是密码认证）

[Route]ssh user 用户 1 service-type stelnet（ssh 用户“用户 1”服务类型是 stelnet）

[Route]ssh user 用户 2 authentication-type password（ssh 用户“用户 2”认证方式是密码认证）

[Route]ssh user 用户 2 service-type stelnet（ssh 用户“用户 2”服务类型是

stelnet）

[Route]ssh user 用户 3 authentication-type password（ssh 用户“用户 3”认证方式是密码认证）

[Route]ssh user 用户 3 service-type stelnet（ssh 用户“用户 3”服务类型是stelnet）

[Route] public-key local create rsa（生成本地 RSA 秘钥对）

[Route] public-key local create dsa（生成本地 DSA 秘钥对）

[Route] ssh server enable（开启 SSH 服务）

[Route]User-interface vty 0 4（进入 vty 接口配置模式）

[Route]protocol inbound ssh（远程登录协议 ssh）

[Route]authentication-mode scheme（远程登录模式为用户名和密码验证）

3. 以 H3C（46–20）路由器为例，简述设备管理中限制 IP 访问加固项目的操作步骤。

答：限制 IP 访问加固应配置访问控制列表，只允许网管系统、审计系统、主站核心设备地址能访问网络设备管理服务。SSH 和 SNMP 地址不同时应启用不同的访问控制列表。

<Route>system-view（进入系统模式）

[Route]acl number 3000（acl 编号）

[Route]rule 1 permit ip source X.X.X.X 0（只允许 X.X.X.X 地址进行访问）

[Route]rule 100 deny ip（禁止其余 IP 地址访问）

4. 以 H3C（46–20）路由器为例，简述设备管理中登录超时的操作步骤。

答：登录超时加固配置应进入 Console 口或远程登录后超过 5 分钟无动作应自动退出。

<Route> system-view（用户模式切换至系统模式）

[Route]User-interface con 0（进入 console 接口配置模式）

[Route]idle-timeout 5 0（console 口登录 5 分钟无操作自动退出）

[Route]User-interface vty 0 4（进入 vty 接口配置模式）

[Route]idle-timeout 5 0（远程登录 5 分钟无操作自动退出）

5. 以 H3C（46–20）路由器为例，简述用户与口令加固项目操作步骤。

答：用户与口令加固项目操作步骤如下。

（1）用户登录失败策略加固配置：配置只有使用用户名和密码的组合才能登录设备，密码强度采用技术手段予以校验通过，并对密码进行加密存储、定期更换。

<Route>system-view（用户模式切换至系统模式）

[Route]password-control enable（开启全局密码管理功能）

[Route]password-control login-attempt 5 exceed lock-time 10（用户登录失败5次锁定10分钟）

[Route]password-control login idle-time 10（账户闲置时间为10分钟）

[Route]password-control aging enable（开启密码老化功能）

（2）用户管理加固配置：创建管理员和普通用户对应的账户，厂站端只能分配普通用户账户，厂站账户应实名制管理，只有查看、ping等权限。

<Route>system-view（用户模式切换至系统模式）

[Route]password-control enable（开启全局密码管理功能）

[Route]password-control composition type-number（设置密码复杂度为4）

[Route]password-control length 8（设置密码长度最小为8）

[Route]local-user 用户 1 class manage（创建本地用户“用户1”）

[Route]password simple 密码 1（创建用户密码为密码1）

[Route]service-type ssh terminal（配置服务为ssh和terminal）

[Route]authorization-attribute user-role level-3（配置用户等级为3级）

[Route]local-user 用户 2 class manage（创建本地用户“用户2”）

[Route]password simple 密码 2（创建用户密码为密码2）

[Route]service-type ssh terminal（配置服务为ssh和terminal）

[Route]authorization-attribute user-role level-2（配置用户等级为2级）

[Route]local-user 用户 3 class manage（创建本地用户“用户3”）

[Route]password simple 密码 3（创建用户密码为密码3）

[Route]service-type ssh terminal（配置服务为ssh和terminal）

[Route]authorization-attribute user-role level-1（配置用户等级为1级）

6. 以H3C（46–20）路由器为例，简述网络服务加固项目操作步骤。

答：网络服务加固项目操作步骤如下。

（1）服务管理加固配置：禁用TCP SMALL SERVERS。禁用UDP SMALL

SERVERS。禁用 Finger。禁用 HTTP SERVER。禁用 BOOTP SERVER。

（2）关闭 DNS 查询功能，如要使用该功能，则显式配 DNSSERVER。

<Route> system-view（进入系统模式）

[Route]undo telnet server enable（关闭 Telnet 服务）

[Route]undo ftp server enable（关闭 ftp 服务）

[Route]undo ip http enable（关闭 http 服务）

[Route]undo ip https enable（关闭 https 服务）

[Route]undo dhcp server enable（关闭 dhcp 服务）

[Route]undo dns server X.X.X.X（关闭 dns 服务）

7. 以 H3C（46–20）路由器为例，简述日志与审计加固项目操作步骤。

答：先配置 SNMP 协议安全配置，配置访问控制列表，只允许网管系统、审计系统、主站核心设备地址能访问网络设备管理服务。再配置 SSH 和 SNMP 地址不同时应启用不同的访问控制列表。

<Route>system-view（进入系统模式）

[Route]snmp-agent（启用 snmp-agent 服务）

[Route]snmp-agent community write SGDnet-write（表示 snmp 写团体字为 ycgdj）

[Route]snmp-agent community read 用户 3 acl 2000（表示 snmp 读团体字为用户 3，并调用 acl 2000）

[Route]snmp-agent sys-info version v2c v3（表示 snmp 代理服务器版本为 v2c 或者 v3）

[Route]snmp-agent trap enable（开启 snmp 代理服务器 trap 服务）

[Route]snmp-agent target-host trap address udp-domain 10.100.100.1 udp-port 161 params securityname ycgdj v2c（配置 SNMP-TRAP，snmp 代理服务器目标主机 10.100.100.1 团体名 ycgdj 版本 v2c）

[Route]info-center enable（开启日志）

[Route]info-center loghost X.X.X.X（指定服务器地址）

[Route]info-center loghost source X.X.X.X（指定源地址发送日志）

第二节　数据网交换机

1. 在 H3C（S3100）及华为（S5700）交换机上怎么进行配置？

答：（1）进入交换机系统模式（部分配置除外）。

<H3C> system-view（进入系统模式）

（2）在系统模式中对交换机的各项配置进行修改，修改完成后保存退出。

[H3C] save（保存配置）

[H3C] quit（退出）

注：后面的问题不再重复赘述进入系统模式操作步骤。

2. 在 H3C（S3100）交换机上进行本地管理及密码认证登录加固项目的操作步骤是什么？

答：对于通过本地 Console 口进行维护的设备，设备应配置使用用户名和密码进行认证。

（1）配置用户名和密码。

[H3C]local-user 用户 1 class manage（创建本地用户“用户 1”）

[H3C]password hash 密码 1（创建用户 1 密码为密码 1）

[H3C]service-type ssh terminal（配置服务为 ssh 和 terminal）

[H3C]authorization-attribute user-role level-3（配置用户等级为 3 级，level 1~15 权限从小到大共 15 个级别）

（2）设置 Console 口登录配置。

[H3C] user-interface aux 0（进入本地管理接口模式，aux 0 接口为交换机 Console 口）

[H3C] authentication-mode scheme（选择认证模式为 scheme）

3. 交换机在很多使用场景下都会开启远程服务，在 H3C（S3100）交换机上对远程管理加固项目的操作步骤是什么？

答：对于使用 IP 协议进行远程维护的设备，设备应配置使用 SSH 等加密协议，采用 SSH 服务代替 telnet 实施远程管理，提高设备管理安全性。

（1）生成 RSA 及 DSA 密钥对，并启动 SSH 服务。

[H3C] public-key local create rsa（生成本地 RSA 密钥对）

[H3C] public-key local create dsa（生成本地 DSA 密钥对）

[H3C] ssh server enable（启动 SSH 服务）

（2）设置 SSH 登录认证模式为 scheme。

[H3C] user-interface vty 0 4（进入远程管理接口模式，vty 0 4 接口为远程管理接口）

[H3C-ui-vty0-4] authentication-mode scheme（选择远程登录模式为用户名和密码验证）

[H3C-ui-vty0-4] protocol inbound ssh（选择远程登录协议 ssh）

[H3C-ui-vty0-4] quit（退出接口模式）

[H3C] ssh user 用户 1 service-type stelnet authentication-type password（配置 ssh 用户“用户 1”服务类型是 stelnet，认证方式是密码认证）

4. 对 H3C（S3100）交换机的数据进行 IP 访问限制加固项目的操作步骤是什么?

答：公共网络服务 SSH、SNMP 默认可以接受任何地址的连接，为保障网络安全，应只允许特定地址访问。

[H3C]acl basic 2001（建立基本 acl，编号为 2001）

[H3C-acl-ipv4-basic-2001]description XXX（添加 acl 描述信息，XXX 信息自定，可以反映 acl 信息即可）

[H3C-acl-ipv4-basic-2001] rule 5 permit source XX.XX.XX.XX（配置允许访问地址为 XX.XX.XX.XX，只允许 X.X.X.X 地址进行访问）

[H3C-acl-ipv4-basic-2001] rule 99 deny（配置禁止访问地址，禁止其余 IP 地址访问）

5. 登录超时设置对于网络安全防护至关重要，在 H3C（S3100）交换机上进行登录超时加固项目的操作步骤是什么?

答：应配置账户超时自动退出，退出后用户需再次登录才能进入系统。

[H3C]user-interface aux 0（进入本地管理接口模式，aux 0 接口为交换机 Console 口）

[H3C-ui-console0]idle-timeout 5 0（设置登陆超时时间为 5min，console 口登录 5 分钟无操作自动退出）

[H3C]user-interface vty 0 4（进入远程管理接口模式，vty 0 4 接口为远程管理接口）

[H3C-ui-vty0-4]idle-timeout 5 0（设置登陆超时时间为 5min，远程登录 5 分钟无操作自动退出）

6. “三权分立”原则已经是网络安全加固的一项准则，如何在 H3C（S3100）交换机上对用户进行更好的管理？进行“三权分立”加固项目的操作步骤是什么？

答：应按照用户性质分别创建账号，禁止不同用户间共享账号，禁止人员和设备通信公用账号。此加固项目需要进行“三权分立”配置，以下为用户权限配置步骤：

[H3C]local-user 用户 1 class manage（配置管理员用户“用户 1”）

[H3C]password hash 密码 1（配置用户 1 密码为密码 1，密码不得为弱口令密码）

[H3C]service-type ssh terminal（配置服务为 ssh 和 terminal）

[H3C]authorization-attribute user-role level-15（配置用户等级为 15 级，level 15 权限最大，为管理员权限）

[H3C]local-user 用户 2 class manage（配置只读用户“用户 2”）

[H3C]password hash 密码 2（配置用户 2 密码为密码 2，密码不得为弱口令密码）

[H3C]service-type ssh terminal（配置服务为 ssh 和 terminal）

[H3C]authorization-attribute user-role level-1（配置用户等级为 15 级，level 1 权限最小，为只读权限）

7. 如何在 H3C（S3100）交换机上关闭不需要的网络服务？关闭不需要的网络服务加固项目的操作步骤是什么？

答：禁用不必要的公共网络服务；网络服务采取白名单方式管理，只允许开放 SNMP、SSH、NTP 等特定服务。具体步聚如下：

[H3C] undo ip http enable（关闭 HTTP 服务）

[H3C] undo ftp server enable（关闭 FTP 服务）

[H3C] undo telnet server enable（关闭 TELNET 服务）

8. 交换机的 BANNER 信息有时会泄露很多涉密信息，在 H3C（S3100）交换机上进行 BANNER 加固项目的操作步骤是什么？

答：应修改缺省 BANNER 语句，BANNER 不应出现含有系统平台或地址等有碍安全的信息，防止信息泄露。

[H3C] undo header incoming（关闭 BANNER）

9. ACL 访问控制列表是交换机的一项重要功能，它可以在保证正常业务的情况下防止交换机被不友好的 IP 地址进行攻击，在 H3C（S3100）交换机上进行 ACL 访问控制列表加固项目的操作步骤是什么？

答：应设置 ACL 访问控制列表，控制并规范网络访问行为。具体步聚如下：

[H3C] acl number 3050（配置高级访问控制列表，编号为 3050）

[H3C-acl-adv-3050]rule 0 permit tcp destination-port eq 445（关闭 445 端口 tcp 服务）

[H3C-acl-adv-3050]rule 1 permit udp destination-port eq 445（关闭 445 端口 udp 服务）

以下为其他端口示例：

[H3C-acl-adv-3050]rule 2 permit tcp destination-port eq 135

[H3C-acl-adv-3050]rule 3 permit udp destination-port eq 135

[H3C-acl-adv-3050]rule 4 permit tcp destination-port eq 137

[H3C-acl-adv-3050]rule 5 permit udp destination-port eq 137

[H3C-acl-adv-3050]rule 6 permit tcp destination-port eq 138

[H3C-acl-adv-3050]rule 7 permit udp destination-port eq 138

[H3C-acl-adv-3050]rule 8 permit tcp destination-port eq 139

[H3C-acl-adv-3050]rule 9 permit udp destination-port eq 139

[H3C-acl-adv-3050]quit（退出）

[H3C]traffic classifier 1（定义流策略分类器）

[H3C-classifier-1]if-match acl 3050（调用 acl 3050）

[H3C-classifier-1]quit（退出）

10.交换机的空闲端口需要进行关闭，以 H3C（S3100）交换机为例，简述空闲端口管理的关闭方法。

答：应关闭交换机上的空闲端口，防止恶意用户利用空闲端口进行攻击。

[H3C] interface GigabitEthernet 1/0/1（进入接口模式，以 GigabitEthernet 1/0/1 端口为例）

[H3C-GigabitEthernet 1/0/1] shutdown（关闭端口）

[H3C-GigabitEthernet 1/0/1] quit（退出）

11.在 H3C（S3100）交换机上进行 MAC 地址绑定加固项目的操作步骤是什么？

答：应使用 IP、MAC 和端口绑定，防止 ARP 攻击、中间人攻击、恶意接入等安全威胁。

[H3C] mac-address static mac-addr interface g1/0/1 vlan（绑定 MAC 地址和端口，以 g1/0/1 端口为例）

12.以 H3C（S3100）交换机为例，NTP 服务加固项目的操作步骤是什么？

答：应开启 NTP 服务，建立统一时钟，保证日志功能记录的时间的准确性。

<H3C>clock timezone Beijing add 08:00:00[配置时区为北京时间（东八区）]

<H3C> system-view（进入系统模式）

[H3C] ntp-service unicast-server XX.XX.XX.XX（配置 NTP 服务地址为 XX.XX.XX.XX）

13.在 H3C（S3100）交换机上启用 OSPF MD5 功能的操作步骤是什么？

答：应检查网络设备的安全配置，避免使用默认路由，关闭网络边界 OSPF 路由功能。

[H3C]ospf 1（配置 ospf 进程，默认进程号为 1）

[H3C-ospf-1]area 0（配置 ospf 区域）

[H3C-ospf-1-area-0.0.0.0]authentication-mode md5 key-id cipher password（配置接口认证模式及密码）

14.如何在 H3C（S3100）交换机上配置 SNMP 协议团体属性名、版本及服务器地址？

答：应修改 SNMP 默认的通信字符串，字符串长度不能小于 8 位，要求是数字、字母或特殊字符的混合，不得与用户名相同。字符串应 3 个月定期更换和加密存储。SNMP 协议应配置 V2 及以上版本。

[H3C]snmp-agent community read 用户 1（配置 SNMP 团体属性名为用户 1）

[H3C]snmp-agent sys-info version v2c v3（选择 snmp 代理服务器版本为 v2c、v3）

[H3C]snmp-agent target-host trap address udp-domain XX.XX.XX.XX params securityname ycgdj v2c（配置 SNMP 代理服务器目标主机 XX.XX.XX.XX，团体名 ycgdj，版本 v2c）

15.在 H3C（S3100）交换机上进行日志审计加固项目的操作步骤是什么?

答：设备应启用自身日志审计功能，并配置审计策略。

[H3C] info-center enable（开启日志）

[H3C] info-center synchronous（开启同步）

[H3C] info-center source rsvp console level debugging（配置 RSVP，资源预留协议）

<H3C>debugging stp packet（调试 STP 数据包）

[H3C] info-center loghost Ip（配置日志中心地址及日志语言）

16.在 H3C（S3100）交换机上进行转存日志加固项目的操作步骤是什么?

答：设备应支持远程日志功能，所有设备日志均能通过远程日志功能传输到日志服务器。设备应至少支持一种通用的远程标准日志接口，如 SYSLOG 等，日志至少保存 6 个月。

[H3C] info-center enable（开启日志）

[H3C] info-center loghost XXXXX（配置日志服务器地址）

17.在华为（S5700）交换机上进行本地管理及密码认证登录加固项目的操作步骤是什么?

答：对于通过本地 Console 口进行维护的设备，设备应配置使用用户名和密码进行认证。

（1）配置用户名和密码。

[switch]aaa（进入 AAA 模式）

[switch-aaa]local-user 用户 1 password cipher 密码 1（配置用户名为用户 1，密码为密码 1，密码不得为弱口令密码）

[switch-aaa]local-user XXX privilege level 15（配置用户权限等级为 15）

[switch-aaa]local-user XXX service-type terminal ssh（配置服务类型为 terminal、SSH）

（2）设置 Console 口登录配置。

[switch] user-interface con 0（进入本地管理接口模式，con 0 接口为交换机 Console 口）

[switch-ui-console0] authentication-mode AAA（选择认证模式为 AAA）

18.交换机在很多使用场景下都会开启远程服务，在华为（S5700）交换机上进行远程管理加固项目的操作步骤是什么？

答：对于使用 IP 协议进行远程维护的设备，设备应配置使用 SSH 等加密协议，采用 SSH 服务代替 telnet 实施远程管理，提高设备管理安全性。

（1）生成 RSA 密钥对，并启动 SSH 服务器。

[switch] rsa local-key-pair create（生成本地 RSA 密钥对）

[switch] stelnet server enable（开启 STELNET 服务）

（2）设置 SSH 客户端登录用户界面的认证方式为 AAA 认证。

[switch] user-interface vty 0 4（进入远程管理接口模式，vty 0 4 接口为远程管理接口）

[switch-ui-vty0-4] authentication-mode aaa（选择认证模式为 AAA）

[switch-ui-vty0-4] protocol inbound ssh（选择入站协议为 SHH）

[switch-ui-vty0-4] quit（退出接口模式）

[Switch] ssh user 用户 1 authentication-type password（配置 SSH 服务账户用户 1）

[Switch] ssh user 用户 1 service-type stelnet（配置用户 1 服务类型为 stelnet）

[Switch] ssh client first-time enable（第一次登录验证）

部分型号不支持配置 SSH 的可通过配置 Stelnet，认证方式 password 认证。

（3）关闭 Telnet 服务。

[Switch] undo telnet server enable（关闭 Telnet 服务）

19.如何对流经华为（S5700）交换机的数据进行 IP 访问限制加固项目操作步骤是什么？

答：公共网络服务 SSH、SNMP 默认可以接受任何地址的连接，为保障网络安全，应只允许特定地址访问。

[switch] acl number 2001（建立基本 acl，编号为 2001）

[switch-acl-adv-2001]description XXX（添加 acl 描述信息，XXX 信息自

定，可以反映 acl 信息即可）

[switch-acl-adv-2001]rule 5 permit source XX.XX.XX.XX 0（配置允许访问地址为 XX.XX.XX.XX）

[switch-acl-adv-2001]rule 99 deny（禁止其余 IP 地址访问）

[Switch-acl-adv-2001] quit（退出 acl 2001 配置模式）

[Switch]user-interface vty 0 4（进入远程管理 vty 用户接口模式）

[Switch-ui-vty0-4]acl 2001 inbound（引用 acl 2001）

20.登录超时设置对于网络安全防护至关重要，在华为（S5700）交换机上进行登录超时加固项目操作步骤是什么?

答：应配置账户超时自动退出，退出后用户需再次登录才能进入系统。

[Switch] user-interface console 0（进入 con 0 端口模式）

[Switch-ui-console0] idle-timeout 5 0（设置登陆超时时间为 5min，console 口登录 5 分钟无操作自动退出）

[Switch] user-interface vty 0 4（进入远程管理 vty 用户接口模式）

[Switch-ui-vty0-4] idle-timeout 5 0（设置登陆超时时间为 5min，远程登录 5 分钟无操作自动退出）

21.为在华为（S5700）交换机上对用户进行更好的管理，加固项目需要进行“三权分立”配置，其操作步骤是什么?

答：对用户进行更好的管理，应按照用户性质分别创建账号，禁止不同用户间共享账号，禁止人员和设备通信公用账号。

此加固项目需要进行“三权分立”配置，以下为用户权限配置步骤：

[Switch]aaa（进入 AAA 模式）

[Switch-aaa]local-user 用户 1 password cipher 密码 1（管理员用户“用户 1”，密码为密码 1）

[Switch-aaa]local-user 用户 1 privilege level 15（权限等级 15）

[Switch-aaa]local-user 用户 1 service-type terminal（配置用户服务类型为 terminal）

[Switch-aaa]local-user 用户 2 password cipher 密码 2（创建只读用户“用户 2”，密码为密码 2）

[Switch-aaa]local-user 用户 2 privilege level 1（权限等级 1）

[Switch-aaa]local-user “用户 2” service-type terminal（配置用户服务类型 terminal）

22.网络服务存在于网络世界，诸多不必要的网络服务成为网络安全中最薄弱的一环，如何在华为（S5700）交换机上关闭不必要的网络服务?

答：禁用不必要的公共网络服务；网络服务采取白名单方式管理，只允许开放 SNMP、SSH、NTP 等特定服务。

[Switch] undo http server enable（关闭 HTTP 服务）

[Switch] undo ftp server（关闭 FTP 服务）

[Switch] undo telnet server enable（关闭 TELNET 服务）

23.交换机的 BANNER 信息有时会泄露很多涉密信息，在华为（S5700）交换机上进行 BANNER 加固项目操作步骤是什么?

答：应修改缺省 BANNER 语句，BANNER 不应出现含有系统平台或地址等有碍安全的信息，防止信息泄露。

[switch] undo header login（关闭 BANNER）

24.ACL 访问控制列表是交换机的一项重要功能，它可以在保证正常业务的情况下防止交换机被不友好的 IP 地址进行攻击，在华为（S5700）交换机上进行 ACL 访问控制列表加固项目的操作步骤是什么?

答：应设置 ACL 访问控制列表，控制并规范网络访问行为。

[Switch] acl number 3050（定义高级访问控制列表 acl 3050）

[Switch-acl-adv-3050] rule 0 deny tcp destination-port eq 445（关闭 445 端口 tcp 服务）

[Switch-acl-adv-3050] rule 1 deny udp destination-port eq 445（关闭 445 端口 udp 服务）

以下为其他端口示例：

[Switch-acl-adv-3050]rule 2 deny tcp destination-port eq 135

[Switch-acl-adv-3050]rule 3 deny udp destination-port eq 135

[Switch-acl-adv-3050]rule 4 deny tcp destination-port eq 137

[Switch-acl-adv-3050]rule 5 deny udp destination-port eq 137

[Switch-acl-adv-3050]rule 6 deny tcp destination-port eq 138

[Switch-acl-adv-3050]rule 7 deny udp destination-port eq 138

[Switch-acl-adv-3050]rule 8 deny tcp destination-port eq 139

[Switch-acl-adv-3050]rule 9 deny udp destination-port eq 139

[Switch-acl-adv-3050]rule 10 permit ip（允许其他 IP 服务）

[Switch-acl-adv-3050]quit（退出）

[Switch]traffic classifier 1（定义流策略分类器）

[Switch-classifier-1]if-match acl 3050（调用 acl 3050）

[Switch-classifier-1] quit（退出）

25.交换机的空闲端口需要进行关闭，以华为（S5700）交换机为例，简述空闲端口管理的安全要求并讲明空闲端口的关闭方法。

答：应关闭交换机上的空闲端口，防止恶意用户利用空闲端口进行攻击。

[Switch] interface GigabitEthernet 1/0/1（进入接口模式，以 GigabitEthernet 1/0/1 端口为例）

[Switch-GigabitEthernet 1/0/1] shutdown（关闭端口）

[Switch-GigabitEthernet 1/0/1] quit（退出）

26.在华为（S5700）交换机上进行 MAC 地址绑定加固项目的操作步骤是什么?

答：应使用 IP、MAC 和端口绑定，防止 ARP 攻击、中间人攻击、恶意接入等安全威胁。

[switch] user-bind static ip-addr IP mac-addr MAC inter g1/0/1（绑定 IP 地址、MAC 地址和端口，以 g1/0/1 端口为例）

27.有关交换机 NTP 服务安全加固项目的操作步骤是什么?

答：应开启 NTP 服务，建立统一时钟，保证日志功能记录的时间的准确性。

<switch>clock timezone Beijing add 08:00:00[配置时区为北京时间（东八区）]

[switch] ntp-service unicast-server XX.XX.XX.XX（配置 NTP 服务地址为 XX.XX.XX.XX）

28.在华为（S5700）交换机上关闭网络边界 OSPF 路由功能加固项目的操作步骤是什么?

答：应检查网络设备的安全配置，应避免使用默认路由，关闭网络边界 OSPF 路由功能。

[Switch] ospf 1（进入 OSPF 进程配置模式）

[SwitchSwitch-ospf-1] silent-interfaceEthernet0/2（静默此端口，禁止发送 OSPF 报文）

29.在华为（S5700）交换机上配置 SNMP 协议团体属性名、版本及服务器地址的加固项目的操作步骤是什么?

答：应修改 SNMP 默认的通信字符串，字符串长度不能小于 8 位，要求是数字、字母或特殊字符的混合，不得与用户名相同。字符串应 3 个月定期更换和加密存储。SNMP 协议应配置 V2 及以上版本。

[Switch]undo snmp-agent sys-info version v1（关闭 SNMP 版本 v1）

[Switch]snmp-agent（启用 snmp-agent 服务）

[Switch]snmp-agent community read 用户 1（配置 SNMP 团体属性名为用户 1）

[Switch]snmp-agent sys-info version v2c v3（配置 snmp 代理服务器版本为 v2c 或者 v3）

[Switch]snmp-agent target-host trap address udp-domain XX.XX.XX.XX udp-port 162 params securityname ycgdj v2c（配置 snmp 代理服务器目标主机 XX.XX.XX.XX，团体名 ycgdj，版本 v2c）

30.在华为（S5700）交换机上进行日志审计加固项目的操作步骤是什么?

答：设备应启用自身日志审计功能，并配置审计策略。

[Switch] info-center enable（开启日志）

[Switch] info-center console channel console（信息中心控制台通道）

[Switch] info-center source RSVP channel 6 log level debugging（配置资源预留协议 RSVP）

[Switch] quit（退出）

<Switch>debugging stp packet all（调试 STP 数据包）

[Switch] info-center loghost Ip language English（配置日志中心地址及日志语言）

31.在华为（S5700）交换机上进行转存日志加固项目的操作步骤是什么?

答：设备应支持远程日志功能。所有设备日志均能通过远程日志功能传输到日志服务器。设备应至少支持一种通用的远程标准日志接口，如 SYSLOG 等，日志至少保存 6 个月。

[Switch] info-center enable（开启日志）

[Switch] info-center loghost xxxxx channel loghost（配置日志服务器地址）

32.交换机在实际网络环境使用时，经常会根据网络使用需求来进行 VLAN 划分，如何在华为（S5700）交换机进行 VLAN 划分?

答：[Switch]VLAN 10（创建 VLAN10）

[Switch]interface Ethernet0/1（进入 Ethernet0/1 接口模式）

[Switch-Ethernet0/1]port link-type access[设置接口模式为 ACCESS（交换模式）]

[Switch-Ethernet0/1]port default VLAN 10（将 Ethernet0/1 接口划入 VLAN 10）

以上配置以将 Ethernet0/1 接口划入 VLAN 10 为例，其他接口及 VLAN 配置可参照。

33.三层交换机使用过程中，有时会使用交换机的路由功能将网络数据流指向下一跳的地址，如何在华为（S5700）交换机进行静态路由配置?

答：[Switch]ip route-static 192.168.20.0 255.255.255.0 1.1.1.1（配置静态路由，目的地址 192.168.20.0，子网掩码 255.255.255.0，下一跳地址 1.1.1.1）

34.交换机在实际网络环境使用时，经常会根据网络使用需求进行 VLAN 划分，如何在 H3C（S3100）交换机进行 VLAN 划分?

答：[Switch]VLAN 10（创建 VLAN10）

[Switch]interface Ethernet0/1（进入 Ethernet0/1 接口模式）

[Switch-Ethernet0/1]port link-type access[设置接口模式为 ACCESS（交换模式）]

[Switch-Ethernet0/1]port access VLAN 10（将 Ethernet0/1 接口划入 VLAN 10）

以上配置以将 Ethernet0/1 接口划入 VLAN 10 为例，其他接口及 VLAN 配置可参照。

35.三层交换机使用过程中，有时会使用交换机的路由功能将网络数据流指向下一跳的地址，如何在 H3C（S3100）交换机进行静态路由配置?

答：[Switch]ip route-static 192.168.20.0 255.255.255.0 1.1.1.1（配置静态路由：目的地址 192.168.20.0，子网掩码 255.255.255.0，下一跳地址 1.1.1.1）

第三章　安全防护设备

第一节　防火墙

1. 以东软（FW512–D2120）防火墙为例，简述设备管理加固项目中离线备份配置文件的操作步骤。

答：专用安全防护设备的运行可靠性的配置要求里规定，防火墙设备应定期离线备份配置文件，具体配置如下：

（1）登录后选择系统界面（如图 3-1 所示）。

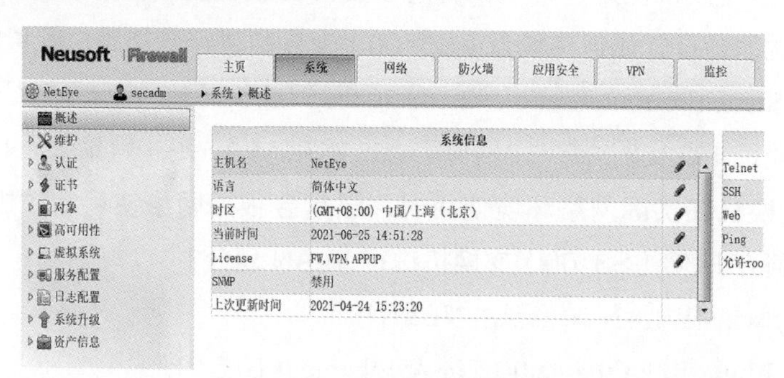

图 3-1　系统信息

（2）选择“维护”→“备份 / 恢复”→“备份”按键进行系统配置保存（如图 3-2 所示）。

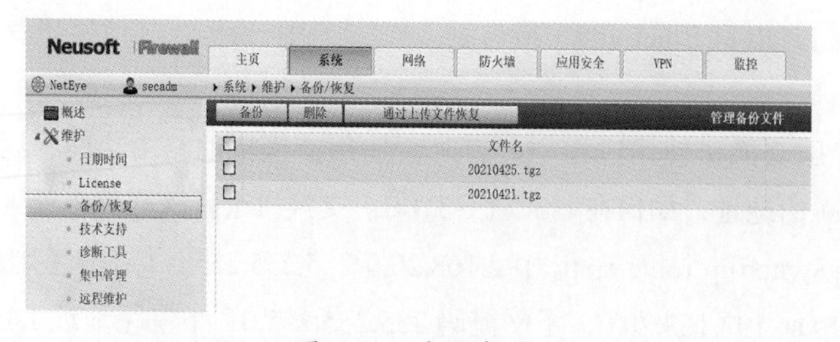

图 3-2　系统备份

（3）选择整机配置、输入文件名后进行配置保存（如图 3-3 所示）。

备份 删除 通过上传文件恢复	管理备份文件
文件名	MD5
20210425.tgz	87612c15a3ecdb006ba6d567e488e4a7
20210421.tgz	f5c6b8f8d817ab47d324ae0f64679065

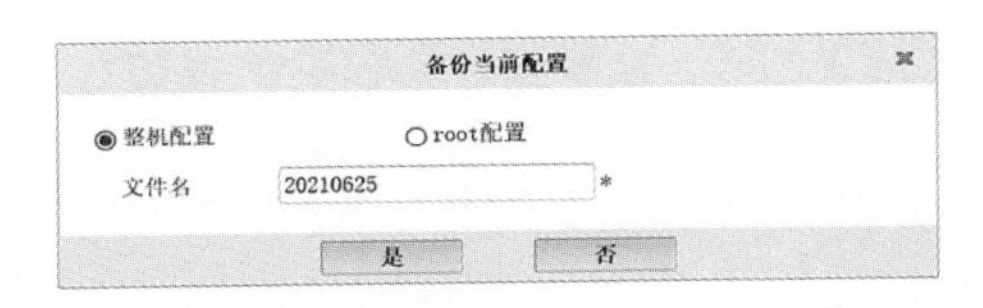

图 3-3　备份文件命名

（4）选择保存后的配置文件，点击右侧下载按键，即可导出系统配置文件（如图 3-4 所示）。

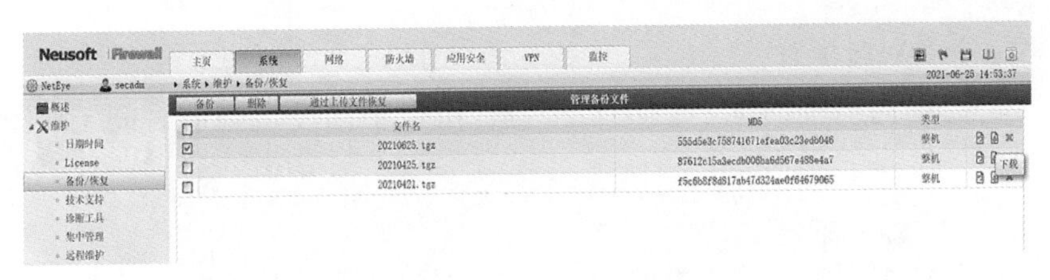

图 3-4　备份文件导出

2. 以东软（FW512-D2120）防火墙为例，简述设备管理加固项目中 NTP 对时服务器配置的操作步骤。

答：专用安全防护设备的运行可靠性的配置要求里规定，防火墙等安全防护设备应保障系统时间与时钟服务器保持一致，支持 NTP 网络对时的设备应配置 NTP 对时服务器；不支持 NTP 服务的安全设备应手工定期设定时间与时钟服务器一致。具体配置如下：

（1）手动设置系统时钟。

DF-FW100>systime set 2012-11-30 10:35:00（设置日期为 2012-11-30，设置时间为 10:35:00）

（2）使用网络上的时钟服务器同步防火墙的系统时钟。

DF-FW100>timesrv set 192.168.100.160 5（设置时钟服务器的 IP 地址是 192.168.100.160，设置同步间隔为 5，即每隔 5 分钟同步一次，有效值为 1 ~

65535 的正整数。）

（3）NTP 对时配置。

添加 NTP 对时服务器地址，勾选自动同步，确定即可。需要注意的是 NTP 服务器地址掩码需和防火墙自身地址掩码一致（如图 3-5 所示）。

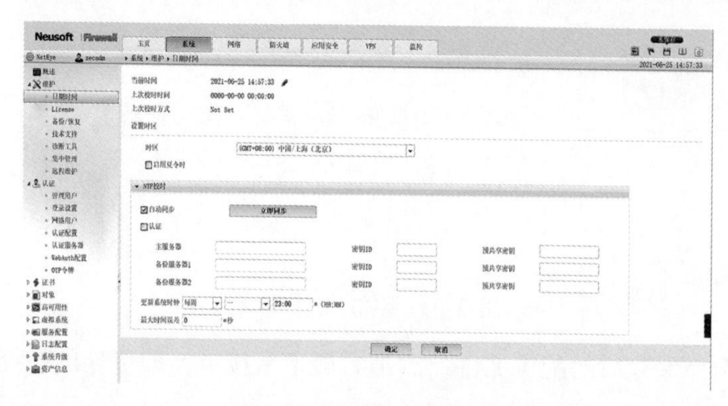

图 3-5　NTP 自动同步

（4）手动对时配置。

点击界面内当前时间右侧编辑按键，可以手动设定当前时间（如图 3-6 所示）。

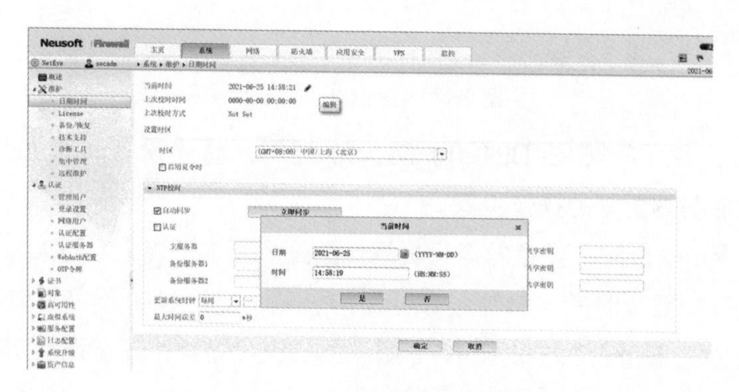

图 3-6　手动设定时间

3. 以东软（FW512-D2120）防火墙为例，简述用户密码加固项目中用户登录的操作步骤。

答：专用安全防护设备的用户与密码加固项目中规定，应对访问安全设备的用户进行身份鉴别，密码复杂度应满足要求并定期更换。先启用用户名密码认证的登录方式，再进行密码修改操作，具体配置如下：

（1）WEB 登录。笔记本配置 192.168.1.253/24，打开浏览器（推荐谷歌浏览器），输入地址 https://192.168.1.100，会出现一个证书错误提示页面，点击“继续浏览此网站（不推荐）”，如图 3-7 所示。

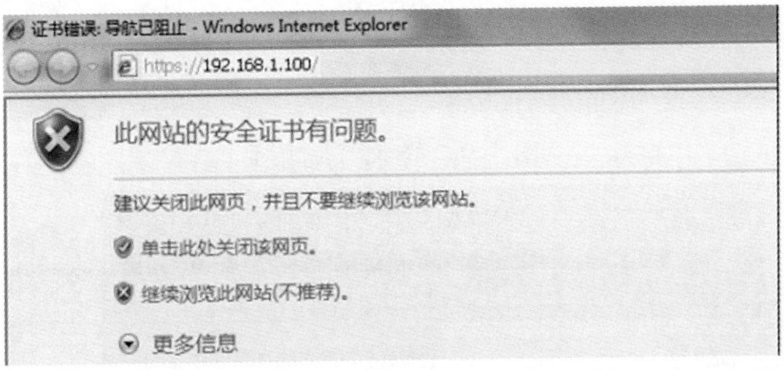

图 3-7　WEB 登录界面

（2）在弹出的防火墙登录页面输入以下信息点击登录（如图 3-8 所示）。

用户名：root；

密码：neteye；

验证码：××××。

新建账户密码必须符合密码复杂度要求：即密码长度为 8~16 位字符，其中不连续数字至少 3 位，大小写字母至少各 2 位、特殊符号至少 1 位。

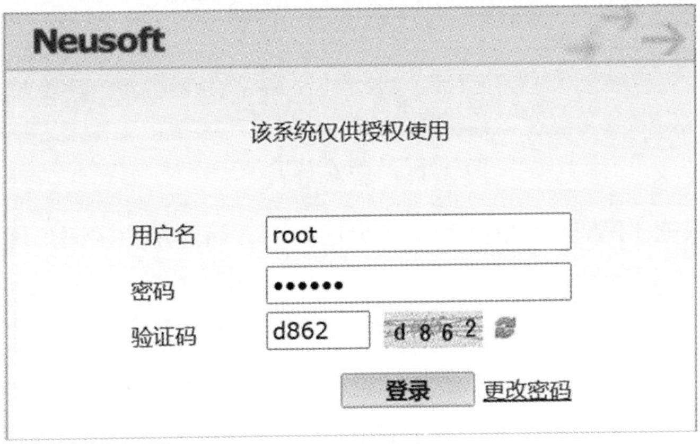

图 3-8　登录界面

（3）修改当前管理员的密码。可在当前页面进行账户建立或密码修改（如图 3-9 ~ 图 3-11 所示）。

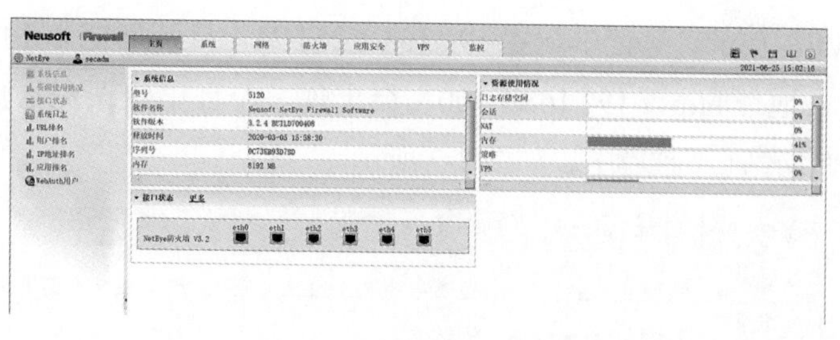

图 3-9　登录系统界面

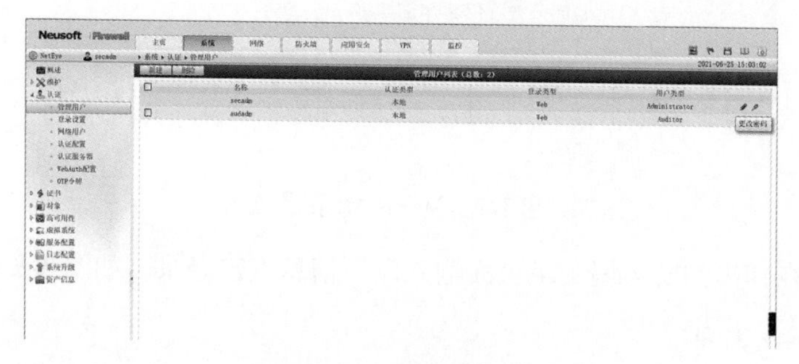

图 3-10　用户管理

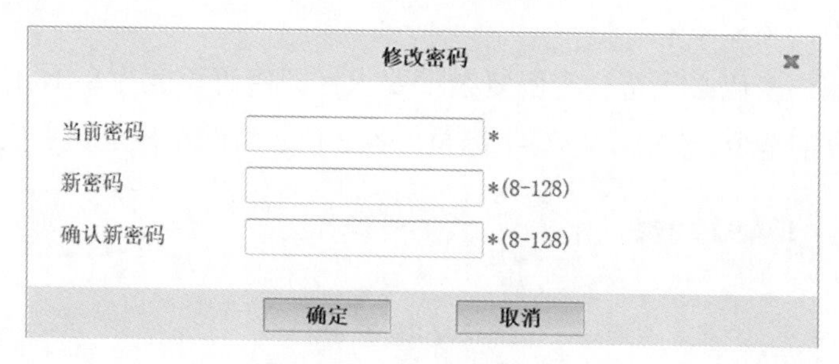

图 3-11　密码修改界面

4. 以东软（FW512-D2120）防火墙为例，简述用户密码加固项目中用户管理的操作步骤。

答：防火墙应按照用户性质分配账号。避免不同用户间共享账号。避免人员和设备通信公用同一账号。应实现系统管理、网络管理、安全审计等设备特权用户的权限分离，并且网络管理特权用户管理员无权对审计记录进行操作。具体操作步骤如下：

（1）建立三权分立账户。新建 sysadm（系统管理员）、secadm（安全管理员）、sudadm（审计管理员）三个用户。新建账户密码必须符合密码复杂度要求，即密码长度为 8 ~ 16 位字符，其中不连续数字至少 3 位，大小写字母至少各2位、特殊符号至少1位。先删除此页面默认账户 admin，新建安全管理员 secadm 账户（登录类型选 SSH、WEB）并设置密码，然后修改 root 用户密码退出 root 账户。登录 secadm 账户，新建审计管理员 audadm 账户（登录类型选 SSH、WEB）并设置密码（如图 3-12 所示）。

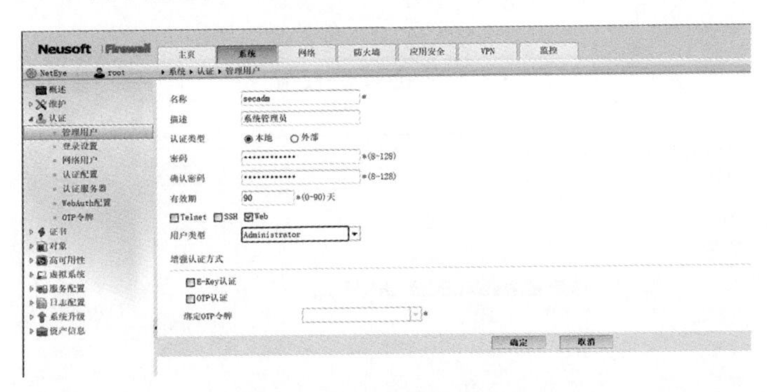

（a）单击“管理用户”

（b）更改“用户类型”

图 3-12　三权分立账户

（2）禁用 root 用户远程登录。所有配置完成后，回到此页面（登录账户为 secadm），编辑访问设置，禁用 root 用户远程登录，禁用后 WEB 界面无法登录 root 用户；若想重新登录 root 用户，可在此界面解禁（如图 3-13 所示）。

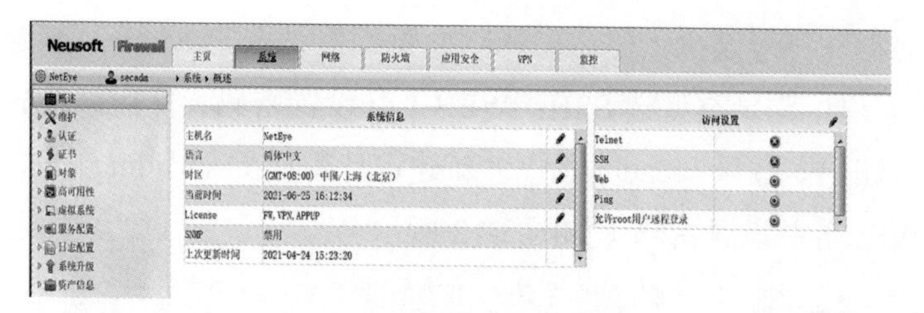

（a）单击系统设置

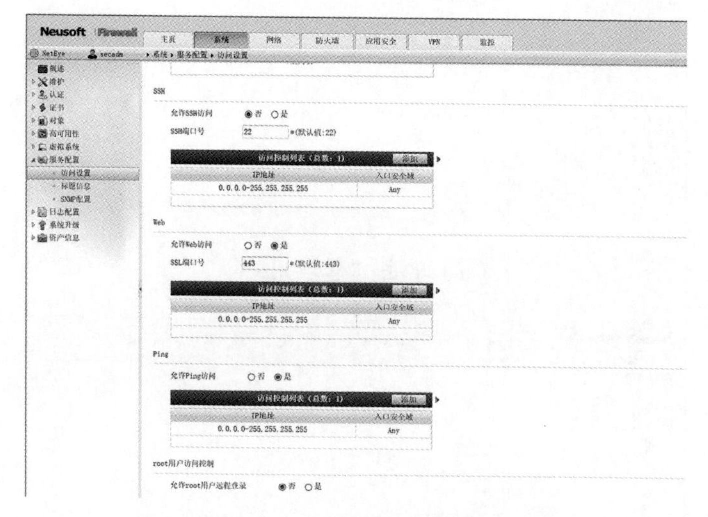

（b）单击访问设置禁用 SSH 访问控制

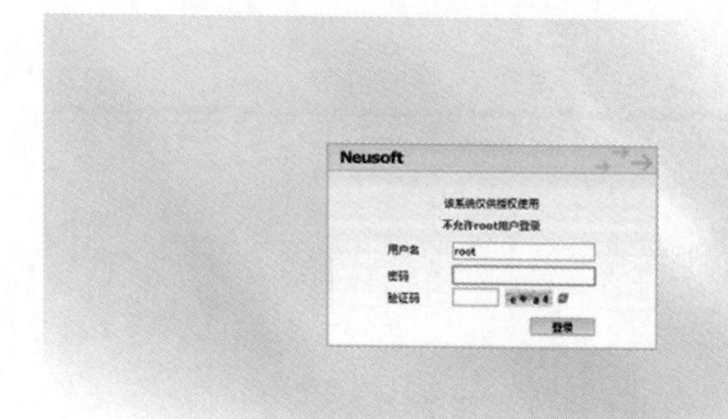

（c）不允许 root 用户登录界面

图 3-13　禁用 root 用户远程登录

5. 以东软（FW512-D2120）防火墙为例，简述安全策略加固项目中登录超时的操作步骤。

答：防火墙设备要求配置账户定时自动退出功能，退出后用户需要再次登录方可进入系统，且账号登录后超过 3 分钟无动作应自动退出，通过超级终端进入 CLI 界面（后台命令操作界面），如果用户在 180 秒内没有任何操作，CLI 界面会自动退出，返回到登录提示状态。具体配置如下：系统登录配置，进入“系统”→“认证”→“登录设置”内进行登录置（如图 3-14 所示）。

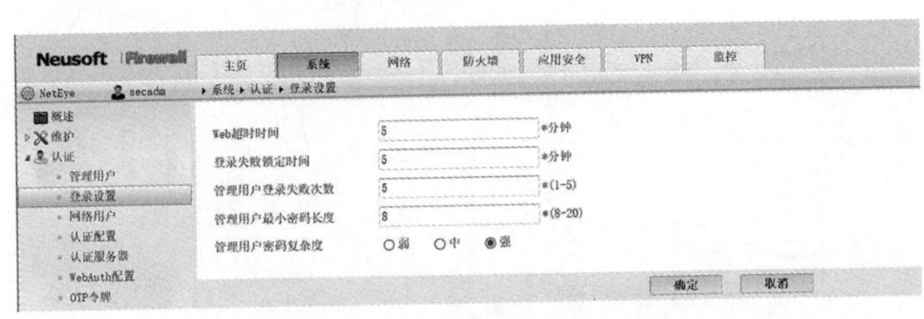

图 3-14　登录参数设置

6. 以东软（FW512-D2120）防火墙为例，简述安全策略加固项目中配置安全策略的操作步骤。

答：防火墙的安全策略应配置跟业务策略相对应，禁止开启与业务无关的服务。具体配置（如图 3-15 所示）如下：

（1）访问策略配置。

序号：自然数递增即可；

名称：按业务数据流向（源端至目的端）命名，清晰明了；

源 / 目的安全域：引用前面已配置好的安全域；

源 / 目的 IP：引用前面已配置好的 IP/IP 组；

服务：引用前面已配置好的服务 / 服务组；

用户：根据现场需求默认或细化；

动作：具体细化的业务访问策略允许，最后一条默认策略拒绝；

启用：打“√”；

产生日志：打“√”。

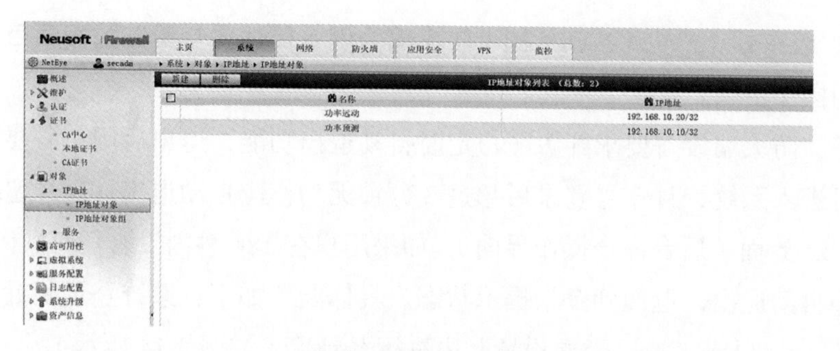

（a）IP 地址对象

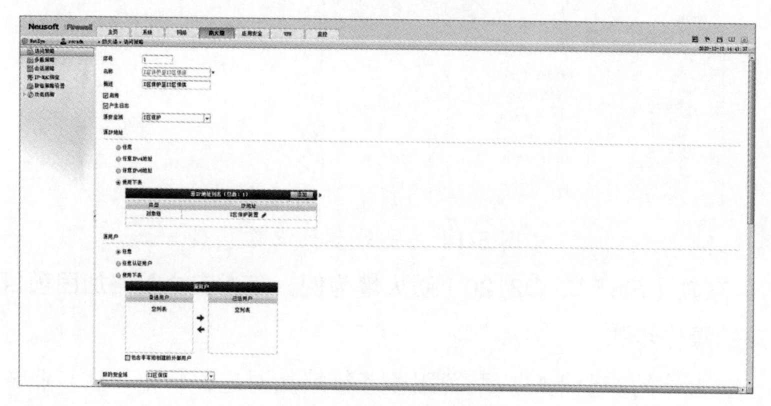

（b）防火墙访问策略

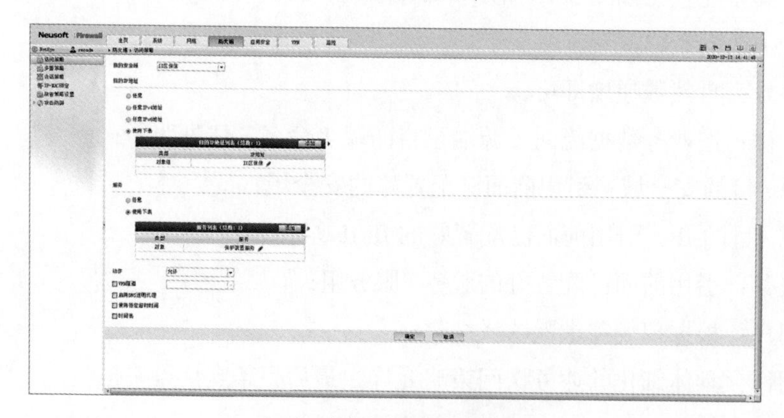

（c）选择“使用下表”

图 3-15　禁止开启与业务无关的服务（一）

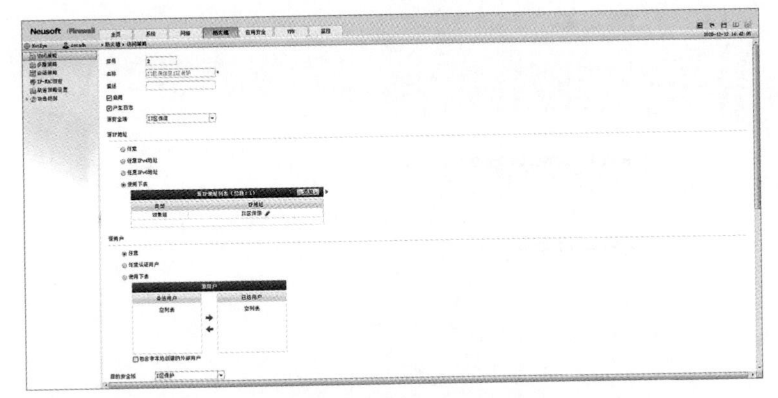

（d）选择启用、产生日志

（e）选择“使用下表”

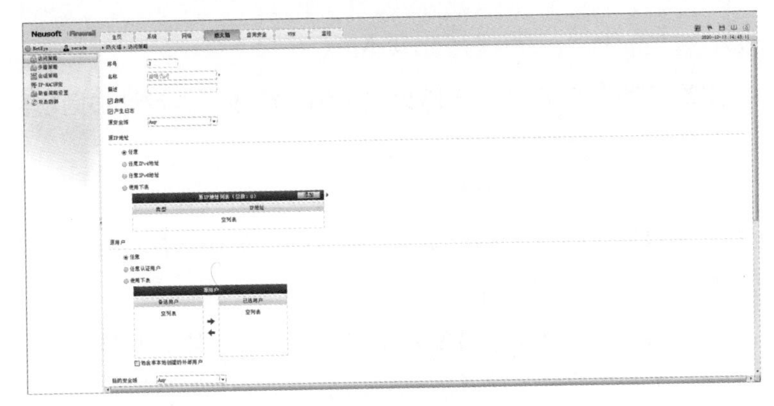

（f）设置源 IP 为任意

图 3-15　禁止开启与业务无关的服务（二）

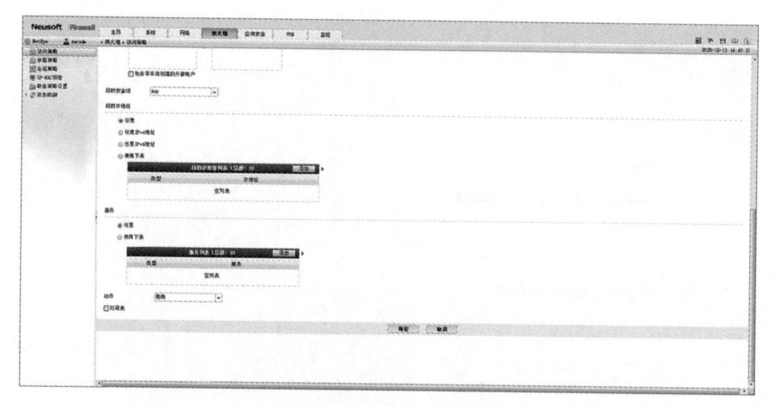

（g）设置服务任意

图 3-15　禁止开启与业务无关的服务（三）

（2）IP-MAC 绑定（如图 3-16 所示）。

可自动探测添加（推荐），也可手动添加，最后绑定一条防火墙运维机的 IP-MAC，便于调试。在“与下列 IP-MAC 绑定策略不匹配的链接”处打“√”，这项操作后，未绑定 IP-MAC 的运维机无法登录防火墙进行调试操作。

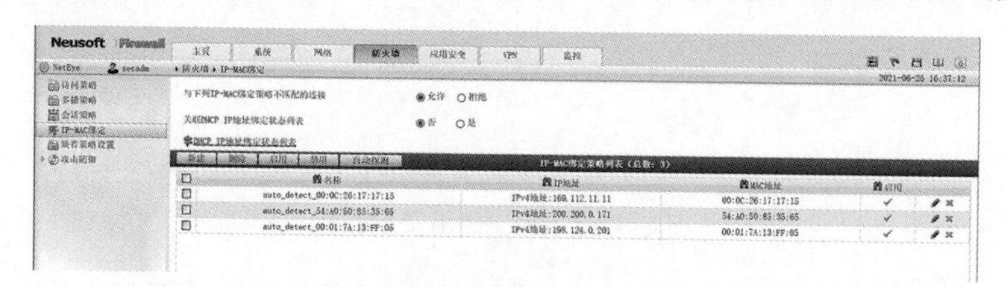

图 3-16　IP-MAC 绑定

7. 以东软（FW512-D2120）防火墙为例，简述日志审计加固项目的操作步骤。

答：防火墙的日志审计加固要求规定设备应启用自身日志审计功能，并配置审计策略。先启用设备日志审计功能，然后通过配置将日志转存到内网监视平台，具体配置（如图 3-17 所示）如下。

（1）日志配置：在系统 / 报警配置中启用自身日志审计功能，并可对安全级别及类型进行配置工作。

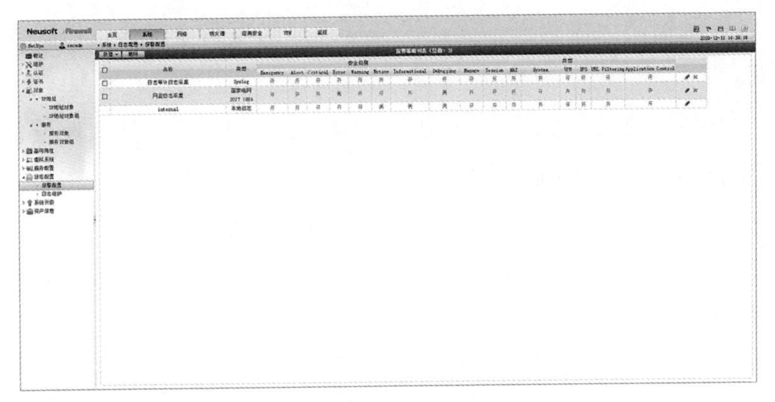

（a）进入报警配置

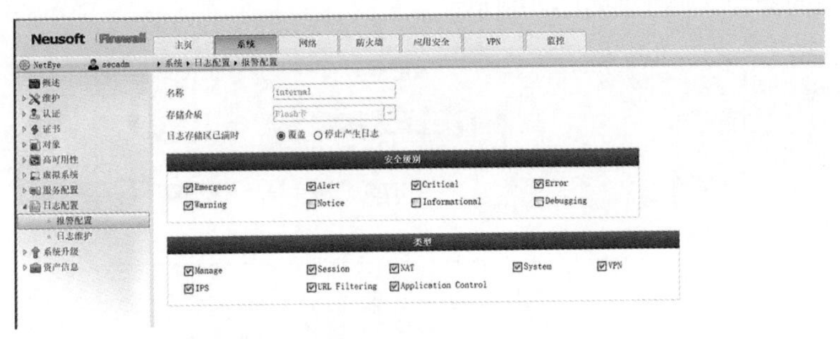

（b）设置“安全级别”及“类型”

图 3-17　日志配置

（2）通过配置将日志转存到内网监视平台：配置 syslog 服务器 IP 地址，其他项可根据需求选择；需要注意的是网监日志采集类型需选择国网 1084 号，东软日志审计日志采集类型选择 syslog 即可（如图 3-18 所示）。

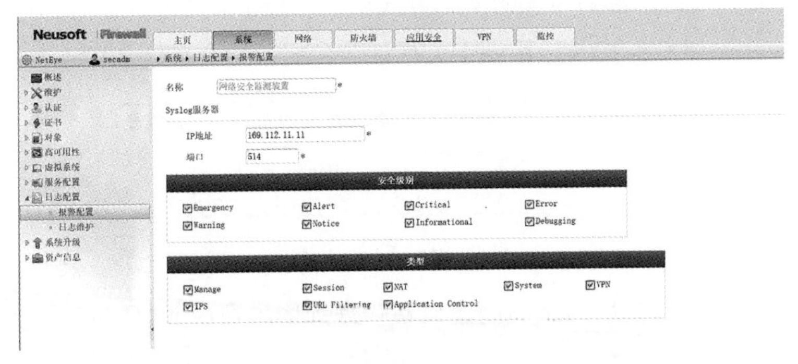

图 3-18　通过配置将日志转存到内网监视平台

8. 以天融信防火墙为例，简述设备管理加固项目中离线备份配置文件的操作步骤。

答：专用安全防护设备运行可靠性的配置要求里规定，防火墙设备应定期离线备份配置文件，具体配置如下。

（1）配置替换是指把本地管理主机上备份的配置文件上传到设备，作为设备的保存配置，同时自动加载到运行配置。替换配置文件后，需要管理员重新登录天融信防火墙。

点击“浏览…”按钮，选择配置文件所在的目录。然后点击“替换运行配置”按钮，则将本地保存的配置文件加载到设备上，则新加载的配置文件替换设备原来的配置文件（如图 3-19 所示）。

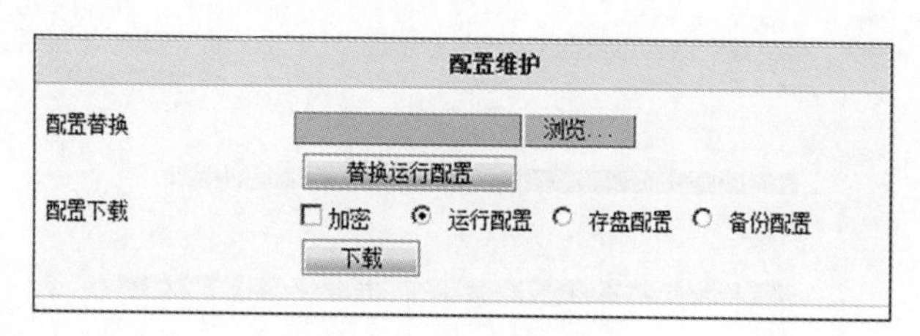

图 3-19　配置维护

（2）配置下载是指导出系统的运行配置、存盘配置或备份配置文件，并将其保存在管理主机指定目录中。

1）选择下载的配置文件的类型：“运行配置”“存盘配置”或“备份配置”。

2）选择是否以加密形式下载配置文件，勾选“加密”后，下载的配置文件为“密文”方式；否则为“明文”方式。

3）点击“下载”按钮，按钮下方增加蓝色提示性文字（如图 3-20 所示）。

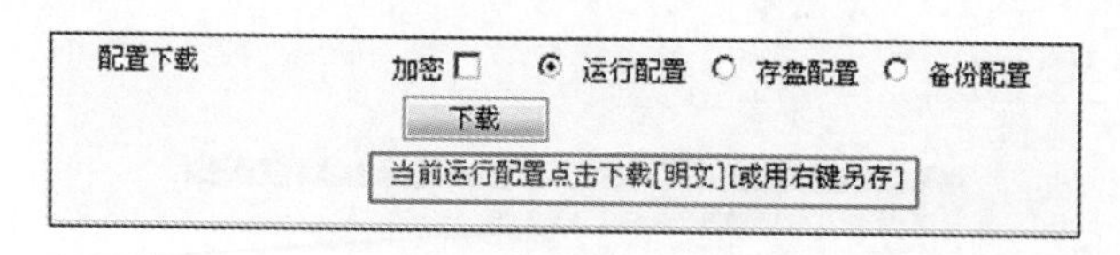

图 3-20　配置下载

9. 以天融信防火墙为例，简述设备管理加固项目中 NTP 对时服务器配置的操作步骤。

答：专用安全防护设备的运行可靠性的配置要求里规定，防火墙等安全防护设备应保障系统时间与时钟服务器保持一致，支持 NTP 网络对时的设备应配置 NTP 对时服务器；不支持 NTP 服务的安全设备应手工定期设定时间与时钟服务器一致，具体配置如下：在左侧导航树中选择“系统管理”配置，然后激活“时间”页签，进入“时间设置”界面（如图 3-21 所示）。

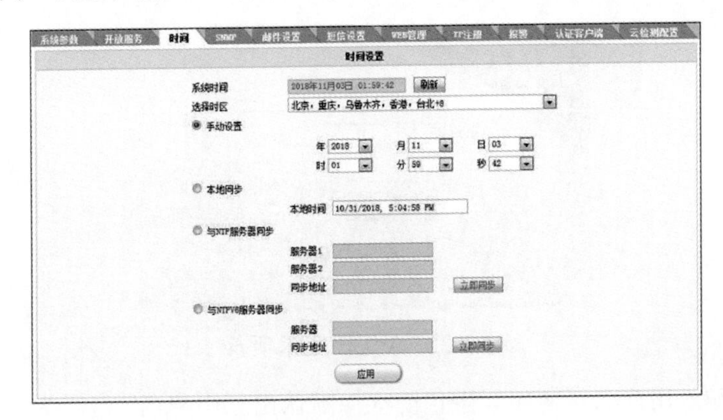

图 3-21 时间设置

在“系统时间”区域，用户可以查看防火墙设备当前的时区、日期和时间。需要注意的是，页面上显示的时区、日期和时间都是最近一次打开该页面时获取的系统数据，不会实时更新，如要查看当前的时间数据，请点击页面右上角的“刷新页面”，或点击“刷新”按钮。

（1）手动对时配置：管理员可以在“手动设置”处，手工修改时区、日期和时间的设置，点击“应用”按钮完成系统时间的修改。

（2）NTP 对时配置：天融信防火墙可以使用 NTP 协议，使系统时间与指定时间服务器的时间同步。

在“与 NTP 服务器同步”处设置 NTP 服务器的 IP 地址，防火墙支持两种时间更新方式：定时更新和立即更新。

1）定时更新方式：点击“应用”按钮，设备会作为 NTP 客户端，自动和 NTP 服务器保持时间的同步。

2）立即更新方式：点击“立即同步”按钮，实现和指定的 NTP 服务器时间的立即同步。

10.以天融信防火墙为例，简述用户密码加固项目中用户登录的操作步骤。

答：专用安全防护设备的用户与密码加固项目中规定，应对访问安全设备的用户进行身份鉴别，密码复杂度应满足要求并定期更换。先启用用户名密码认证的登录方式，再进行密码修改操作，具体配置如下：

（1）WEB 登录。管理员在管理主机的浏览器上输入防火墙的管理 URL，例如：https://192.168.1.254，（如果包含 SSL VPN 模块，则 URL 应当为 https://192.168.1.254:8080），弹出登录页面（如图 3-22 所示）。

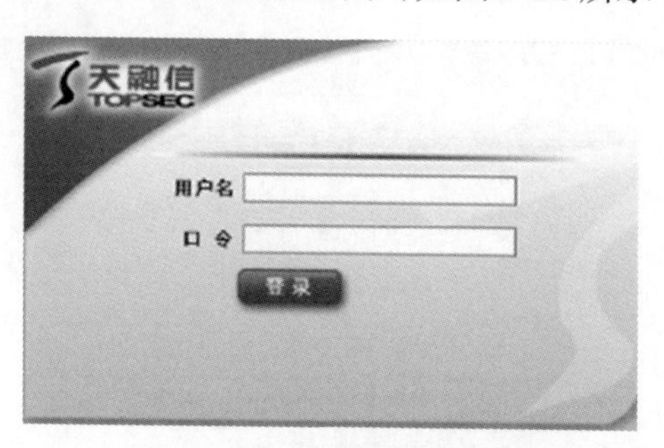

图 3-22　WEB 登录页面

（2）输入用户名密码（天融信防火墙默认出厂用户名 / 密码为：superman/talent）后，点击“登录”按钮，进入密码修改界面（如图 3-23 所示）。

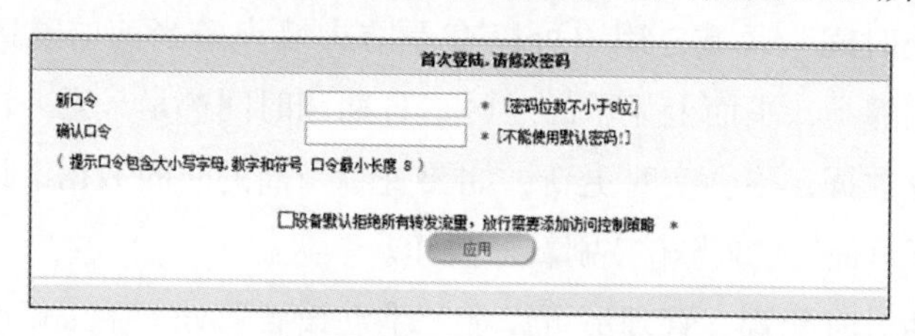

图 3-23　密码修改

（3）修改当前管理员的密码。输入新密码和确认密码，勾选提示说明“设备默认拒绝所有转发流量，放行需要添加访问控制策略”，此时“应用”按钮处于可操作状态，点击“应用”按钮即可进入 WEB 管理界面，下次登录防火墙 WEB 管理界面时需使用新密码登录。

注：在输入 URL 时要注意以“https://”作为协议类型，例如 https://192.168.1.254。

11. 以天融信防火墙为例，简述用户密码加固项目中用户管理的操作步骤。

答：防火墙应按照用户性质分配账号，避免不同用户间共享账号，避免人员和设备通信公用同一账号。应实现系统管理、网络管理、安全审计等设备特权用户的权限分离，并且网络管理特权用户管理员无权对审计记录进行操作。具体操作步骤如下：

（1）建立“三权分立”账户。只有超级管理员具有配置系统管理员账号的权力，其他类型的管理员登录系统后只能修改自身的登录密码，左侧导航树中的相应节点变更为系统管理→修改密码。superman 配置系统管理员的具体操作步骤如下：

1）在左侧导航树中选择 系统管理→管理员，进入管理员设置界面（如图 3-24 所示）。

管理员　管理权限　设置

添加

用户名	权限	描述	修改密码	修改属性	删除	状态
superman	超级管理员	SuperManager				
aaa	安全管理	NoComment				
gradeadmin	分级管理用户	NoComment				

图 3-24　用户管理

界面中显示已经配置的管理员信息。其中 superman 为系统出厂时配置的超级管理员，以 superman 身份登录防火墙后，只能修改超级管理员的密码及其他属性，不能删除 superman。

2）添加管理员。点击“添加”，进入“添加用户”界面（如图 3-25 所示）。

（2）设置管理员的权限。可选项：管理用户、审计用户、虚拟系统用户、分级管理用户，以及超级管理员在“管理权限”处设置的其他管理权限。

（3）修改管理员属性。点击指定管理员后面的“修改密码”图标，可以修改该管理员的登录密码。点击指定管理员后面的“修改属性”图标，可以修改该管理员的描述信息，或修改其管理权限。

添加用户

用户名称 *

用户描述

用户密码 *

确认密码 *

用户权限 管理用户

（提示：口令最小长度 8）

确定　取消

图 3-25　添加用户

12.以天融信防火墙为例，简述安全策略加固项目中登录超时的操作步骤。

答：防火墙设备要求配置账户定时自动退出功能，退出后用户需要再次登录方可进入系统，且账号登录后超过 5 分钟无动作应自动退出，具体配置如下：

在左侧导航树中选择系统管理→管理员，然后激活“设置”页签，进入管理员账号安全设置界面（如图 3-26 所示）。

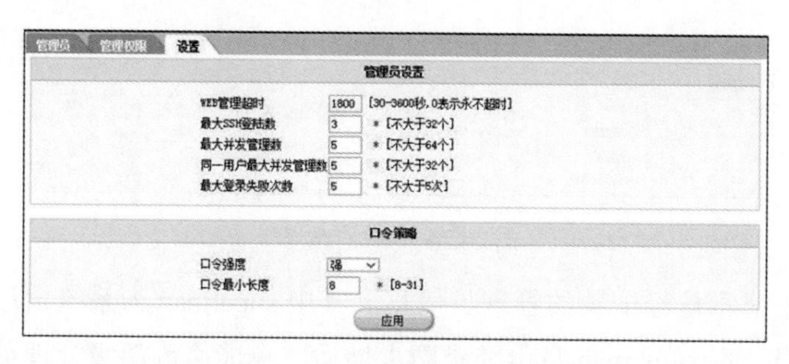

图 3-26　管理员设置

WEB 管理超时时间设置：设定利用 WEB UI 界面对防火墙进行管理的空闲超时时间。单位：秒；取值范围：30~3600；默认值：180，设置为 0，表示永不超时。

13.以天融信防火墙为例，简述安全策略加固项目中配置安全策略的操作步骤。

答：防火墙的安全策略规定为应配置跟业务相对应的安全策略，禁止开启与业务无关的服务。具体配置如下：

（1）访问策略配置。

1）在左侧导航树中选择防火墙→访问控制，进入 IPv4 访问控制规则定义界面（如图 3-27 所示）。

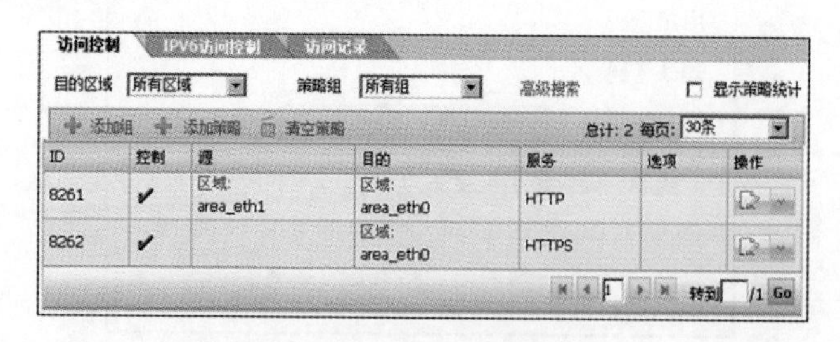

图 3-27　访问策略配置

表中“ID”为每项规则的编号，在移动规则顺序时将会使用。“控制”中的图标“√”和“×”，分别表示该项规则的访问权限是允许或拒绝。

操作修改策略规则：点击“操作”栏的对应图标可以启用或禁用该规则（如图3-28所示）。

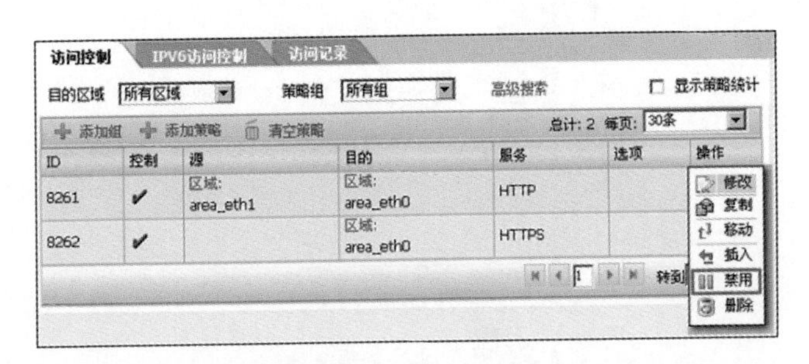

图3-28 策略启用禁止

也可以点击“操作”一列对应的其他图标，对现有规则进行修改、编辑。

2）添加策略规则。在左侧导航树中选择防火墙→访问控制，进入IPv4访问控制规则定义界面。点击“添加策略”弹出窗口添加一条新的访问控制规则。

配置ACL规则说明如下。

a. 源：选择对象，设定发起连接的源应当匹配的条件。可以实现基于哪些条件对报文进行访问控制。如果不指定，表示任何源地址均匹配该规则。可设定的选项包括：

b. 区域：选择区域资源限定报文的来源区域。

c. 地址：选择已定义的地址资源对象，限定报文的源IP地址。

d. 角色：选择已定义的用户角色对象，限定发起连接的用户角色。

e. VLAN：对报文的源VLAN进行限定。

f. 端口：选择服务对象，限定源端口（如图3-29所示）。

g. 目的：选择对象，设定发起连接的目的应当匹配的条件。可以实现基于哪些条件对报文进行访问控制。当设定多项时，必须同时满足各个条件才匹配该规则。如果不指定，表示任何源地址均匹配该规则。可设定的选项包括：

h. 区域：选择区域资源限定报文的目的区域。

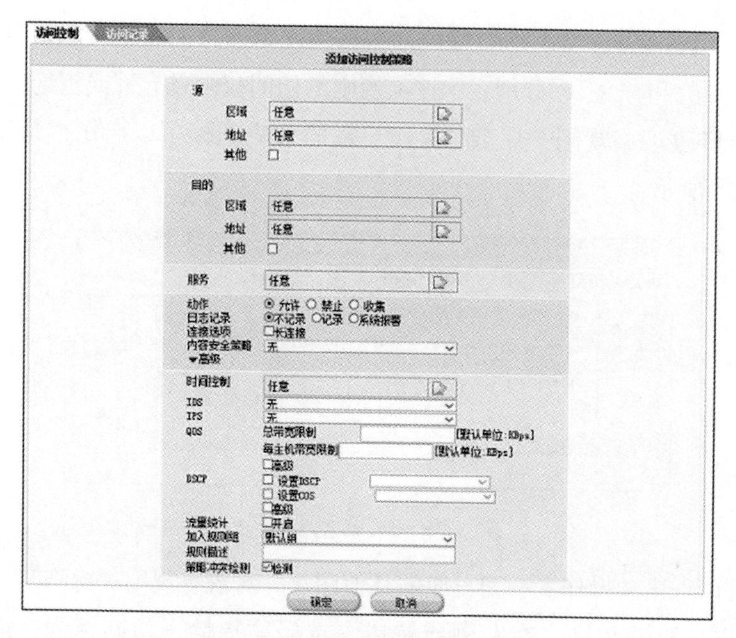

图 3-29 添加访问控制策略

i. 地址：选择已定义的地址资源对象，限定报文的目的 IP 地址。由于防火墙会首先对报文进行目的 NAT 转换，然后再查询匹配的 ACL 规则，因此，在“选择目的地址”处管理员应当选择与 DNAT 转换后的真实 IP 地址匹配的地址对象。如果想对转换前的目的地址进行检测，则在此处不需要设置，需要在“其他”属性中设置“转换前的目的地址”项。

j. VLAN：对报文的目的 VLAN 进行限定。

k. 转换前地址：如果想对转换前的目的地址进行检测，则需要设定该选项。否则，只需设置“目的地址”即可。

l. 目的域名：选择 DNS 资源对象。则只要目的 IP 属于该 DNS 对象的 IP 地址池，报文就匹配 ACL 规则，防火墙将按照规则的权限对报文进行处理，从而实现基于域名的访问控制。

点击“确定”按钮完成 ACL 规则的创建，点击“取消”按钮撤销本次操作。

（2）IP-MAC 绑定。设置 IP/MAC 绑定策略的具体操作步骤如下：

1）在左侧导航树中选择防火墙→ IP/MAC 绑定，进入 IP/MAC 绑定策略设置界面（如图 3-30 所示）。

图 3-30　IP/MAC 绑定

2）通过 ARP 探测添加绑定策略。点击“探测”，进入“ARP 探测”界面（如图 3-31 所示）。

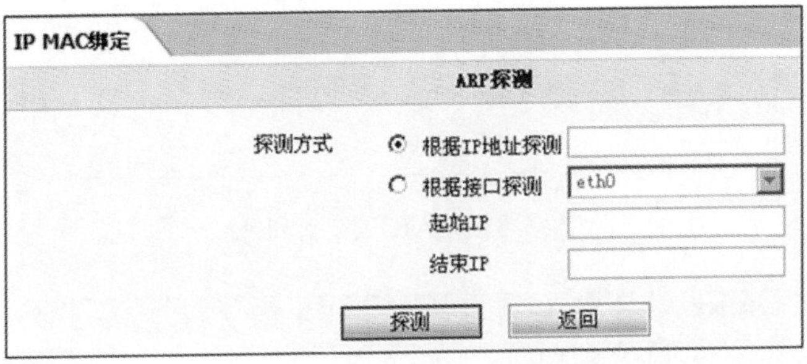

图 3-31　ARP 探测

在探测 MAC 地址时，各项参数的具体说明如下。

a. 根据 IP 地址探测：输入 IPv4 地址字符串。不能输入广播地址或组播地址，否则系统会提示错误并返回。

b. 根据接口探测：选择物理接口、VLAN 虚接口或子接口名，如“eth0”，如果接口不存在或者该接口没有指定 IPv4，则系统提示错误并返回。

c. 起始 IP：输入探测的起始 IPv4 地址，该地址必须在接口所属的子网内，而且要和“结束 IPv4”在同一个子网内。

d. 结束 IP：输入探测的结束 IPv4 地址。

点击“探测”按钮发送 ARP 请求包，下面的列表中将显示探测到的 IP/MAC 地址对应表（如图 3-32 所示）。

点击“全选”则直接选定列表中的所有探测到的对象。也可选择部分需要绑定的 IP/MAC 地址对应项目，如点击图 3-32 中的“绑定”按钮，则完成 IP/MAC 地址的绑定操作。

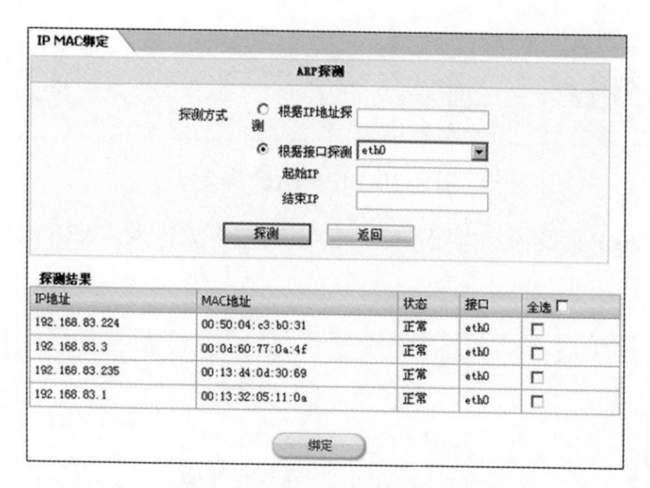

图 3-32　ARP 探测列表

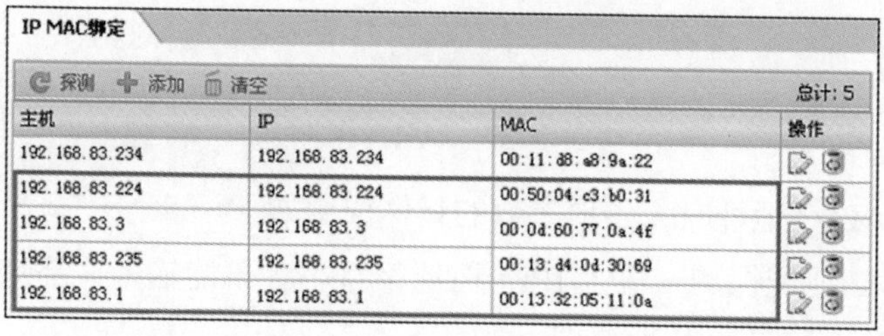

IP MAC绑定

探测　添加　清空　总计: 5

主机	IP	MAC	操作
192.168.83.234	192.168.83.234	00:11:d8:a8:9a:22	
192.168.83.224	192.168.83.224	00:50:04:c3:b0:31	
192.168.83.3	192.168.83.3	00:0d:60:77:0a:4f	
192.168.83.235	192.168.83.235	00:13:d4:0d:30:69	
192.168.83.1	192.168.83.1	00:13:32:05:11:0a	

图 3-33　IP 绑定列表

3）手工添加 IP/MAC 地址绑定。点击“添加”，系统出现添加配置页面（如图 3-34 所示）。

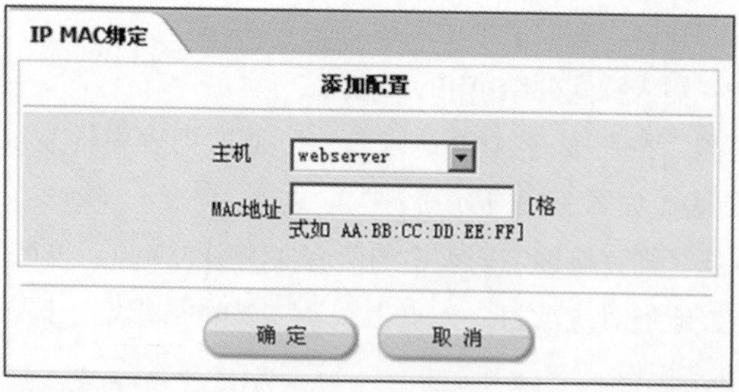

IP MAC绑定
添加配置
主机　webserver
MAC地址　[格式如 AA:BB:CC:DD:EE:FF]
确 定　取 消

图 3-34　添加配置

在添加 IP/MAC 地址绑定时，各项参数的具体说明如下：

a. 主机：选择已定义的主机地址资源，如果添加 IPv6/MAC 地址绑定策略，则选择 IPv6 地址资源；如果添加 IPv4/MAC 地址绑定策略，则选择 IPv4 地址资源。关于主机地址资源的设置具体请参见 设置主机资源。

b. MAC 地址：输入与主机地址资源绑定的 MAC 地址。

点击“确定”按钮完成 IP/MAC 绑定规则的创建，点击“取消”按钮撤销本次操作。

4）点击“修改”或“删除”图标可以修改或删除已添加的配置。点击“清空”按钮可以一次性删除所有的绑定策略。

14.以天融信防火墙为例，简述日志审计加固项目的操作步骤。

答：防火墙的日志审计加固要求规定，设备应启用自身日志审计功能，并配置审计策略。先启用设备日志审计功能，然后通过配置将日志转存到内网监视平台，具体配置如下：

（1）日志配置。在每台需要进行日志分析的天融信防火墙上配置日志服务器及相应参数。管理员配置并应用日志服务器参数后，系统记录的日志除了被发送到设定的日志服务器中外，也在防火墙中缓存部分，以便管理员随时查看在防火墙中缓存的日志信息。

在左侧导航树中选择日志与报警→日志设置，配置日志设置参数（如图 3-35 所示）。

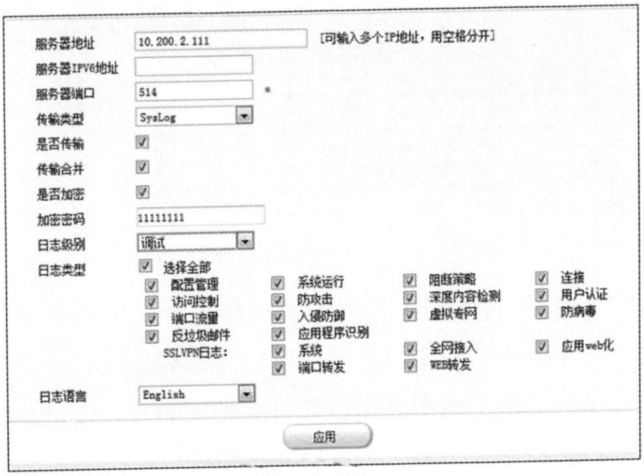

图 3-35　配置日志参数

设备根据日志类型和日志级别来记录和传输日志。例如：日志级别为“信息”，日志类型为“配置管理”，表示设备将记录“紧急”到“信息”之间所有级别的日志信息。参数设置完成后，点击“应用”按钮完成日志设置参数的配置。

（2）查看防火墙中的日志信息。

1）在左侧导航树中选择日志与报警 →日志查看，进入“日志查询”界面（如图 3-36 所示）。

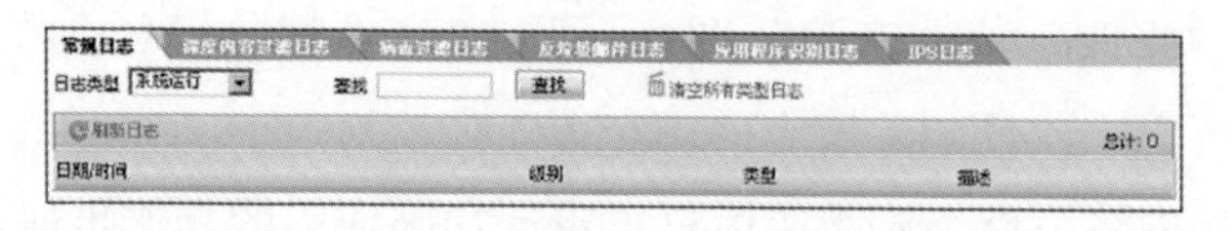

图 3-36　日志查询

2）激活“常规日志”页签，然后在“日志类型”右侧的下拉框中选择待查看日志的类型，日志列表中将显示该日志类型的所有日志信息，管理员可以滚动查看相关日志。

例如：选择日志类型为“配置管理”后，日志列表中显示所有类型为“配置管理”的日志信息（如图 3-37 所示）。

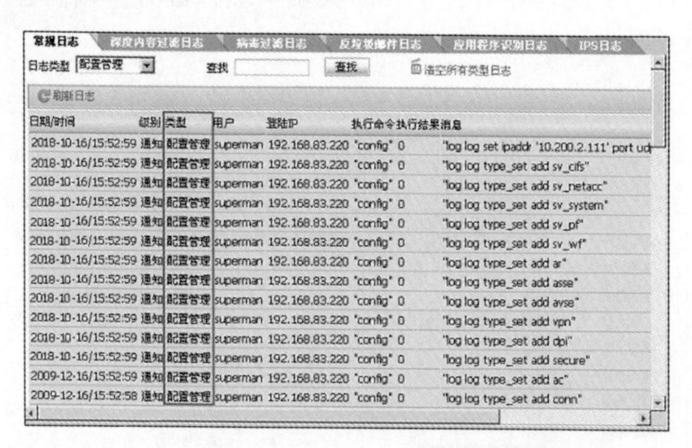

图 3-37　配置管理

3）在“日志类型”右侧的下拉框中选择待查看日志的类型，然后在“查找”右侧的文本框中输入待查看日志的关键字，最后点击“查找”按钮，日志列表中将显示包括该关键字的所有属于该日志类型的日志信息，管理员可以滚动查看相关日志。

例如：选择“配置管理”后，然后在“查找”右侧的文本框中输入关键字“192.168.83.225”，最后点击“查找”按钮，日志列表中将显示属于“配置管理”日志类型，并且包含“192.168.83.225”的所有日志信息（如图 3-38 所示）。

日期/时间	级别	类型	用户	登陆IP	执行命令	执行结果	消息
2018-10-16/15:35:23	通知	配置管理	superman	192.168.83.225	"config"	0	"snmp set contact "
2018-10-16/15:35:23	通知	配置管理	superman	192.168.83.225	"config"	0	"snmp set location www.topsec.com.cn "
2018-10-16/15:35:19	通知	配置管理	superman	192.168.83.225	"config"	0	"snmp start"
2018-10-16/15:35:15	通知	配置管理	superman	192.168.83.225	"config"	0	"snmp stop"
2018-10-16/15:34:57	通知	配置管理	superman	192.168.83.225	"config"	0	"snmp set contact "
2018-10-16/15:34:57	通知	配置管理	superman	192.168.83.225	"config"	0	"snmp set location www.topsec.com.cn "
2018-10-16/15:34:44	通知	配置管理	superman	192.168.83.225	"config"	0	"snmp managehost add name kk hostip 192.

图 3-38　常规日志

第二节　纵向加密

1. 以科东（PSTunnel-2000）加密装置为例，简述设备管理加固项目的操作步骤。

答：专用安全防护设备的设备管理加固要求对系统时间进行配置，应保障系统时间与时钟服务器时间保持一致，支持 NTP 网络对时的设备应配置 NTP 对时服务器，具体配置如下：登录管理工具后，最上方选择管理菜单，在设备时间配置一栏内，可进行纵向加密装置对时配置（如图 3-39 所示）。

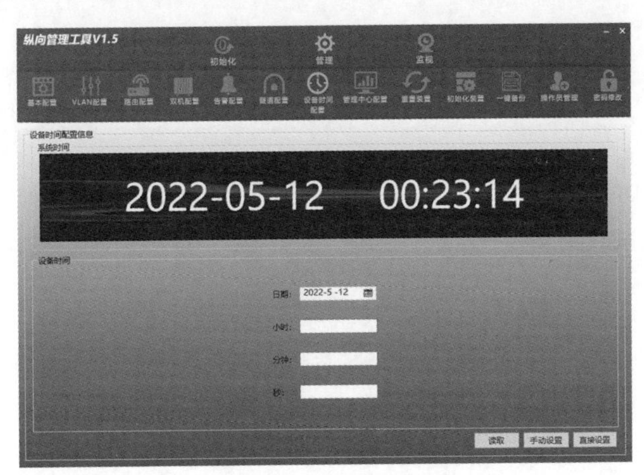

图 3-39　系统时间

2. 以科东（PSTunnel-2000）加密装置为例，简述用户密码加固项目中用户登录的操作步骤。

答：先启用用户名密码认证的登录方式，然后对操作员密码进行更改，具体配置如下：可以通过 GUI 管理器来管理、配置、监视“PSTunnel-2000 电力专用纵向加密认证网关”，也可以通过使用 Windows 提供的超级终端以命令行的方式查看 PSTunnel-2000 电力专用纵向加密认证网关各种配置参数。

（1）PSTunnel-2000 电力专用纵向加密认证网关有专门的配置网口，一般情况下为 eth4 接口，该接口的地址为 169.254.200.200，专用调试笔记本的 ip 地址设置为 169.254.200.201，此时通过网线的连接可以对其进行管理、配置、监视。

（2）PSTunnel-2000 电力专用纵向加密认证网关有一个串口，用标准的网口转串口线（我方在配件中已经提供该线）连接标记为 CONSOLE 的串口，即可登录网关的操作系统。

根据加密设备的用户登录管理要求，纵向认证设备应配备 IC 卡 /USB key+ 用户名密码认证。初次登录科东 PSTunnel-2000 纵密装置时需要该设备进行初始化工作，对其进行一系列的证书请求生成、证书导入等工作，只有初始化工作全部完成后，设备才能进入正常的运行工作状态。

初始化后将“Ukey”插入设备 USB 接口，启动管理配置软件，以您自己登录名和密码登录，这时，网关设备、人员和 Ukey 之间进行人机 Ukey 三方认证。只有正确登录进行了人机 Ukey 三方认证，才有权限进行配置管理，进入主界面。

登录框中输入：设备 IP：169.254.200.200；操作员：kedong；密码：Tun-2000（如图 3-40 所示）。

图 3-40　登录页面

登录后在管理菜单的密码修改选项中进行操作员密码修改（如图 3-41 所示）。

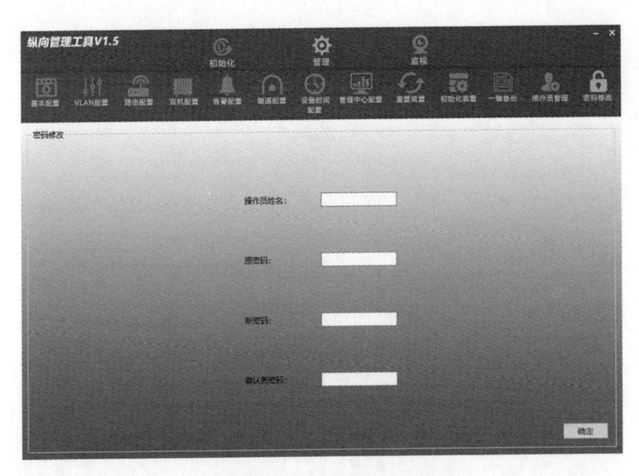

图 3-41　密码修改

3. 以科东（PSTunnel-2000）加密装置为例，简述用户密码加固项目中用户管理的操作步骤。

答：加密装置应按照用户的性质分配账号权限。常用以 Ukey 配合账户密码登录的方式开展权限分配，具体配置如下：

生成操作员证书请求文件，点击“初始化”菜单的“操作员证书请求”选项，会出现向导，引导完成操作员初始化的过程。做这项操作应保证“PSTunnel-2000 电力专用纵向加密认证网关”附带的 Ukey 和操作的同步性。Ukey 是用于“操作员”登陆的必备条件，需要对它运行初始化程序后，对证书请求文件进行导出和签发。然后把“上级调度证书系统”签发好的用户证书再导回加密网关中，作为以后用户登录、管理“加密认证网关设备的必要硬件（如图 3-42 所示）。

图 3-42　操作员证书请求

证书导入完毕后，需要将证书和管理登录作映射关系，在初始化菜单“创建操作员”选项中，点击“添加”，把 Ukey 登录用户名和证书信息填写好，点击确定（如图 3-43 所示）。

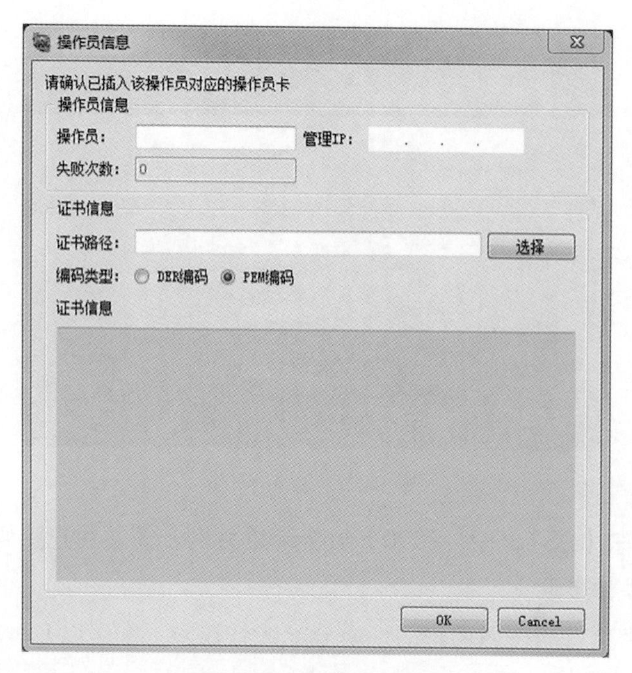

图 3-43　操作员信息

这样就为“Ukey”“加密认证网关”和“操作员登录名”之间的“人机三方认证”建立映射关系。后期想要使用管理员权限进行日常管理及维护工作时，必须使用 Ukey 授权。

4. 以科东（PSTunnel-2000）加密装置为例，简述安全策略加固项目中配置安全策略的操作步骤。

答：纵向加密装置的安全策略配置要求中规定，应配置跟业务相对应的安全策略，禁止开启与业务无关的服务。如策略应限制源、目的地址，不应包含过多非业务需求地址段以及策略应限制端口范围，应采用最小化配置等。具体操作如下：

（1）VLAN 划分。五个网口的 IP 地址可以根据您现有网络不同的 VLAN，不同的 IP，对地址进行配置；ETH0 到 ETH4 分别代表内网口、外网口、内网口、外网口和配网口。外网口是连接“纵向加密认证网关”和外网路由器的网口；内网口是连接“纵向加密网关”和内部网络交换设备网口；配网口是连接“加密网关”和管理工具的网口。

在管理菜单的 VLAN 配置选项下点击“新建”，会弹出以下对话框，要求添入 IP 地址，子网掩码与对应的 VLAN。如果在装置配置中没有配置 VLAN 格式，在此处填写 0（如图 3-44 所示）。

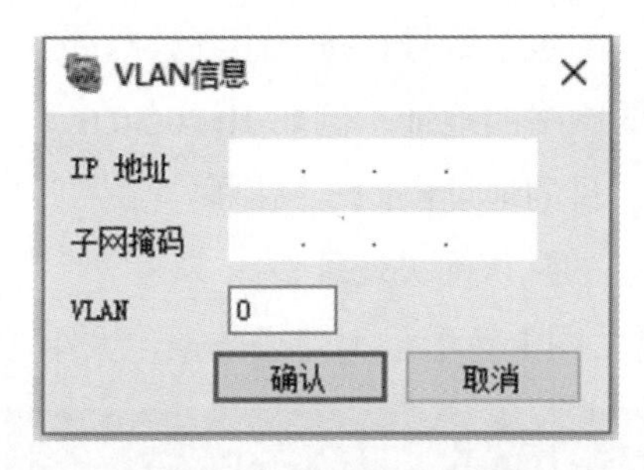

图 3-44　VLAN 信息

根据现场的业务不同，一些业务处于不同 VLAN 的各自独立的网段，如果将“纵向加密认证网关”部署在路由器和核心交换机之间，并且要借用的原有路由器地址和交换机网关地址，则各业务均将该装置内网网口配置成不同 VLAN 的各个业务的网关地址，外网网口配置成交换机的 30 位掩码的地址，并填入相应的 VLAN。

1）IP 地址：纵向加密装置的 IP 地址；

2）子网掩码：一般填写为 255.255.255.224；

3）VLAN：一般实时 VLAN 为 10，非实时 VLAN 为 20，与路由器配置 VLAN 保持一致（如图 3-45 所示）。

图 3-45　VLAN 配置

注：VLAN（Virtual Local Area Network）即虚拟局域网，是将一个物理的 LAN 在逻辑上划分成多个广播域的通信技术。通过划分不同的 VLAN，VLAN 内的主机间可以直接通信，而 VLAN 间不能直接互通，从而将广播报文限制在一个 VLAN 内。

（2）路由配置（如图 3-46 所示）。配置路由信息时，先要选择配置的网络接口，内网、外网、配网分别对应的页面都是一张表格。每条路由信息由以下几个字段组成。

1）序号：由 1 开始的数字编号，按从小到大顺序排列；

2）目的地址：目的网络的地址，例如 10.20.30.0；

3）目的地址掩码：目的地址段的子网掩码，例如 255.255.255.252；

4）网关：本地地址的默认网关地址；

5）路径 MTU：以太网上一般最大路径数据包大小为 1500 字节。

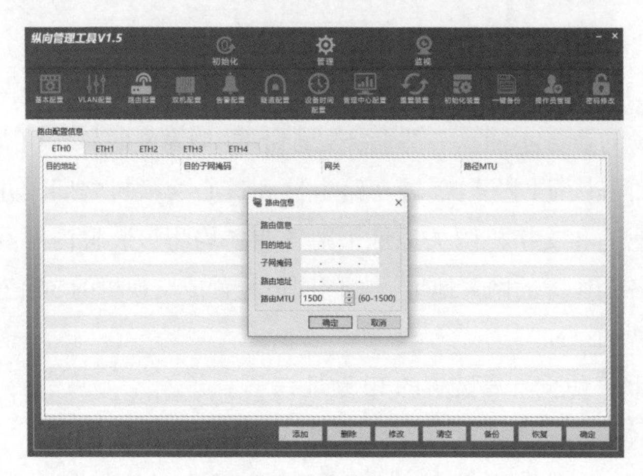

图 3-46　路由配置

点击“添加”路由信息，会弹出图 3-46 所示界面，填写所在网段的路由信息，还可通过删除、修改、清空、备份、恢复等其他选项对 VLAN 设置进行更改。修改完毕后须按“确定”按钮，才能将修改后的路由信息保存到“纵向加密装置关”上。

（3）隧道信息配置（如图 3-47 所示）。在管理菜单内的隧道配置选项中选择隧道信息添加，即可添加一条新的隧道。利用隧道配置界面，可以进行隧道的配置工作，配置信息包括以下几个方面。

1）隧道名标识：一般用 2 位数字进行标识，不同隧道的隧道名标识不能重复，如 01，02，03……

2）工作模式：加密模式；

3）本地设备协商 IP：本地设备的协商 IP 地址（即本地设备外网口地址）；

4）远程设备协商 IP：建立加密隧道时，远端对等设备的协商 IP 地址；

5）远程设备子网掩码：远端对等设备（主设备）的子网掩码；

6）隧道描述：可以使用详细的描述对本隧道的用途进行描述；

7）证书路径：选择本隧道要使用的对端纵向加密的证书；

8）编码类型：选择 PEM 编码。

修改完毕后须按“确定”按钮，才能将修改后的隧道信息保存到“纵向加密装置”上。

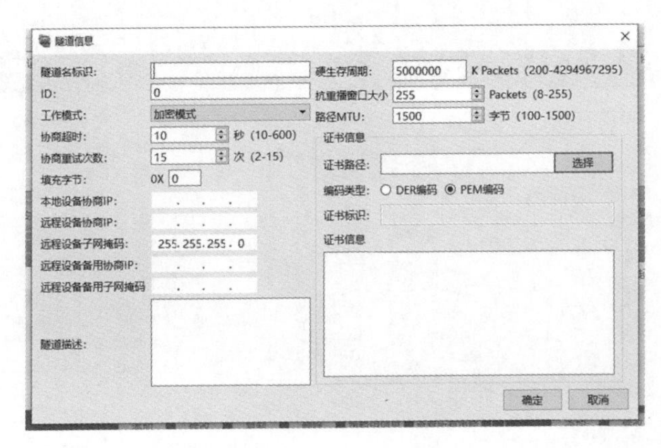

图 3-47　隧道信息

（4）加密策略配置（如图 3-48 所示）。在管理菜单内的隧道配置选项中选择策略信息添加，即可添加一条新的加密策略。新策略添加成功后默认本地起始端口为 1，本地终止端口为 65535，远程起始端口为 1，远程终止端口为 65535。配置信息包括以下几方面。

1）本地设备协商 IP：本地设备的协商 IP 地址（即本地设备外网口地址）；远程设备协商 IP：与该设备建立隧道的纵向加密认证网关或者装置的地址。

2）本地源起始 IP 地址：本地局域网内部的被保护主机的 IP 地址段的起始地址。

3）本地源终止 IP 地址：本地局域网内部的被保护主机的 IP 地址段的终止地址，如果是单一主机，起始和终止的 IP 地址都要填写为主机的 IP 地址。

4）远程目的起始 IP 地址：远程被保护局域网内部的主机的 IP 地址段的起始地址。

5）远程目的终止 IP 地址：远程被保护局域网内部的主机的 IP 地址段的终止地址，如果是单一主机，起始和终止的 IP 地址都要填写为主机的 IP 地址。

6）协议：可选择“TCP”“UDP”“ICMP”“ALL”。请进选择应用系统的协议类别，可以为不同的协议来匹配策略信息。对于起始地址、终止地址相同的策略，常配置为一条 TCP 协议和一条 ICMP 协议。

注：纵向认证设备非业务需求策略只允许开放 ICMP 协议。

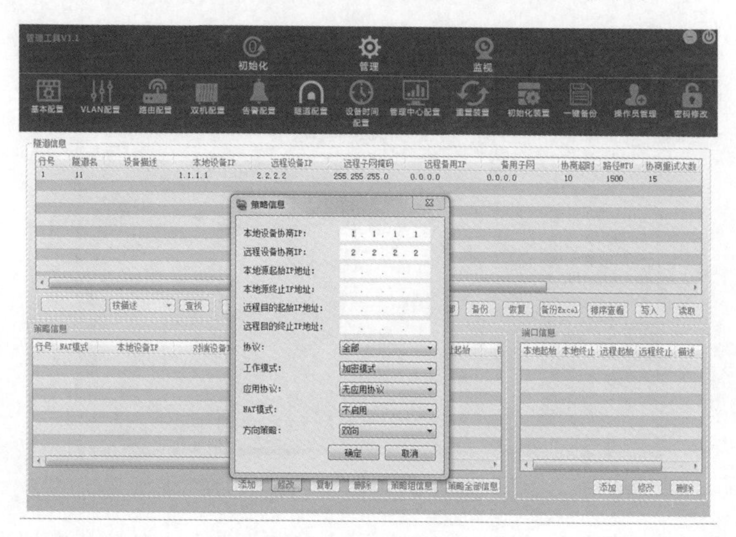

图 3-48　策略信息

（5）端口细化配置 。为满足端口最小化配置要求，策略应限制源目的端口，不应放开业务需求的端口，对于端口随机变动的可限定端口范围。

在管理菜单内的隧道配置选项中选择端口信息添加，即可添加端口策略（如图 3-49 所示）。

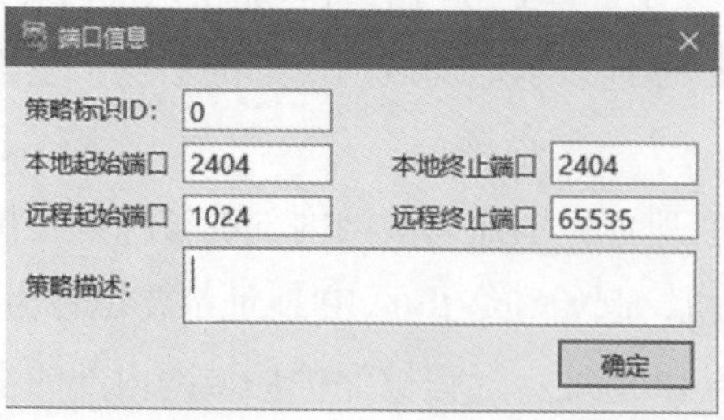

图 3-49　端口信息

端口配置内容按照主站实际下发书记进行添加，且应按照最小化要求配置。例如本地起始、终止端口根据远动实际业务配置一般为 2404，这里就填写 2404。

5. 以科东（PSTunnel–2000）加密装置为例，简述日志审计加固项目操作步骤。

答：加密装置的日志审计加固要求规定设备应启用自身日志审计功能，并配置审计策略将告警日志转存至内网安全监视平台。科东 PSTunnel-2000 日志审计策略配置如下：

在管理菜单的告警配置选项中，可进行告警配置。

是否引出报警信息：选择“报警不输出”或者“1 个报警地址输出”和“2 个报警地址输出”（如图 3-50 所示）。

报警输出通信模式：选择“网口”。

报警输出通信模式设备：选择报警输出的外网口，当使用 eth0 和 eth1 时，选择 eth1。

报警输出目的地址：内网安全监视平台日志采集工作站的 IP 地址。

报警输出目的端口：内网安全监视平台应用监听端口号。

日志长度：“纵向加密认证网关”存储的日志文件大小。128~1024K。

推荐使用 128K，此文件可以循环记录。

是否开启阈值告警：勾选后，启用“纵向加密认证网关”阈值告警；当“纵向加密认证网关”设备的 CPU 及内存超过所定义的“CPU 阈值”和“内存阈值”后，将告警信息上报到内网安全监视平台。

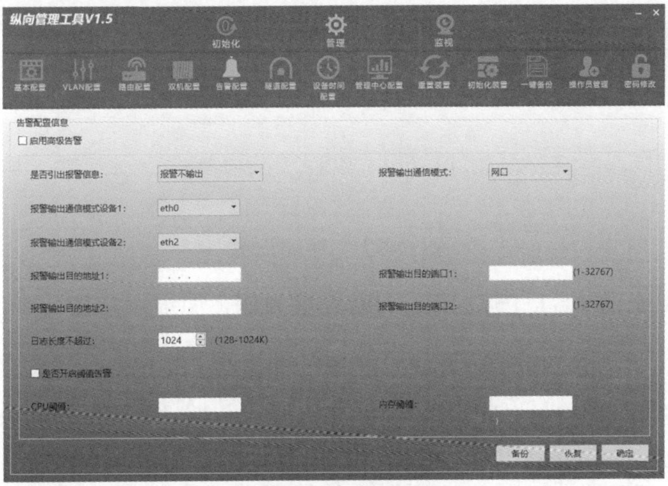

图 3-50　告警配置

6. 以卫士通（SJJ1632-B）加密装置为例，简述设备管理加固项目操作步骤。

答：专用安全防护设备的设备管理加固要求规定需要对系统时间进行配置，应保障系统时间与时钟服务器时间保持一致，支持 NTP 网络对时的设备应配置 NTP 对时服务器（如图 3-51 所示）。

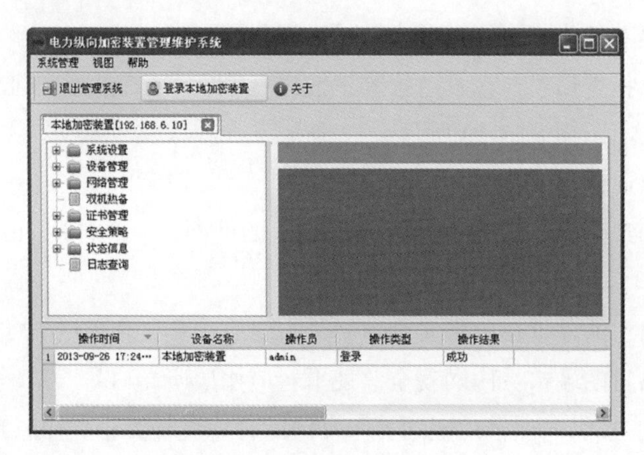

图 3-51　装置管理维护系统

正常登录加密装置后，在系统左侧设备管理菜单里选择设置时钟选项。时钟设置用于修改纵向加密认证装置的系统时间，修改系统时间后点击“设置”按钮（如图 3-52 所示）。

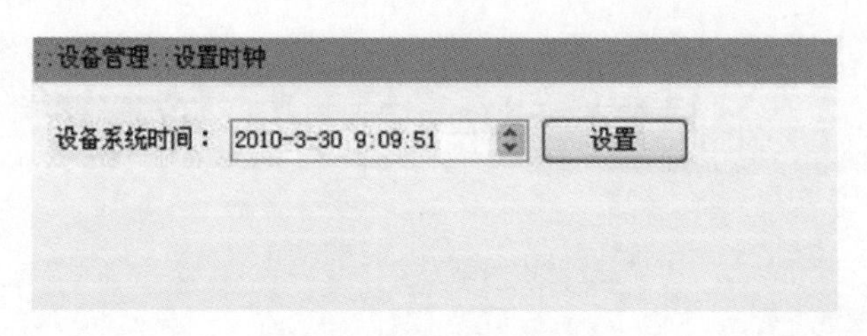

图 3-52　时钟设置

7. 以卫士通（SJJ1632-B）加密装置为例，简述用户密码加固项目中用户登录的操作步骤。

答：先启用用户名密码认证的登录方式，然后对操作员密码进行更改，具体配置如下：

纵向加密装置（如图 3-53 所示）的管理模式基于 C/S 架构，本地管理软件安装在用户管理 PC 机上，通过 PC 网口与纵向加密认证装置的配置口进行连接和通信，软件名称为 gdManager.exe。

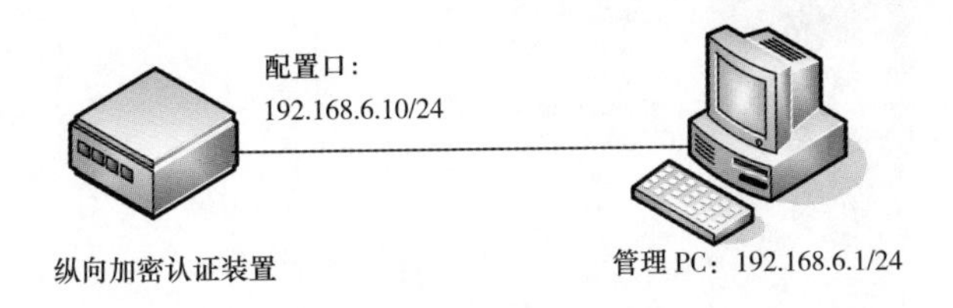

图 3-53　纵密链接示意图

注：

（1）因为设备配置口地址为 192.168.6.10/24，所以将本地管理 PC 网络地址设置为 192.168.6.0/24 网段，例如上图将本地管理 PC 的 IP 地址设置为 192.168.6.1，掩码为 255.255.255.0。

（2）管理 PC 机用随机附带的网络配置线（交叉线或直连线）连接到加密认证装置的配置口。

（3）确认管理 PC 机与纵向加密认证装置连通后，启动纵向加密装置管理软件，出现软件主界面（初始化完成后），如图 3-54 所示。

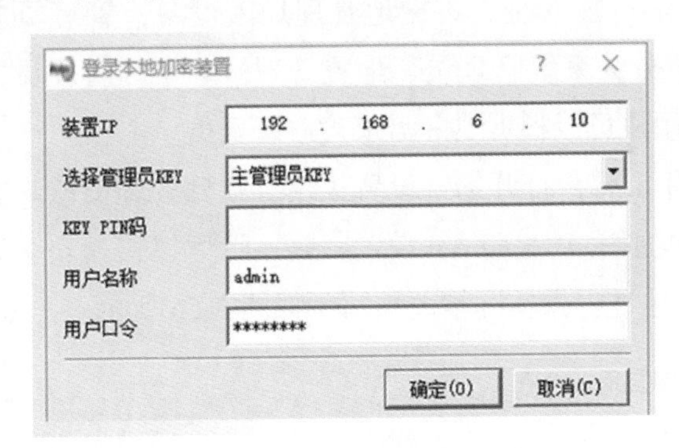

图 3-54　登录主界面

出现软件主界面后插入管理员 KEY，从登录框输入 KEY PIN 码：初始化 KEY 时输入的 PIN 码（自定义）、默认用户名称：admin、用户密码（1q2w3e$R）：初始化第一步修改后的密码，登录管理配置。

初次登录后，需要修改系统管理员密码（如图 3-55 所示）。

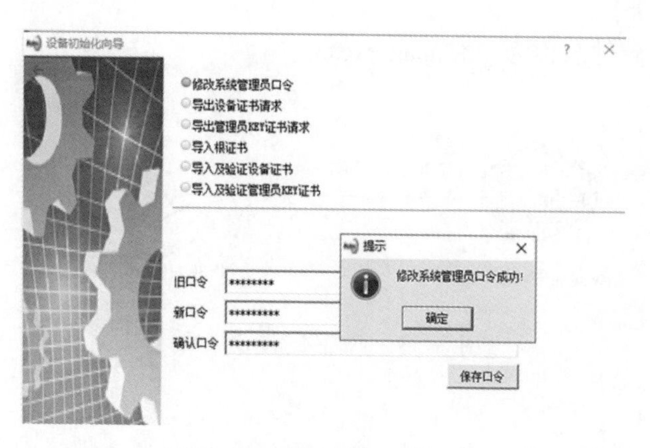

图 3-55　修改管理员口令

注： 管理员口令长度要求为 8~16 位，复杂度要求至少包含数字、字母、特殊字符。

8. 以卫士通（SJJ1632-B）加密装置为例，简述用户密码加固项目中用户管理的操作步骤。

答： 加密装置应按照用户的性质分配账号权限。

为了用户能够更加安全、可靠地管理加密设备，管理员应实现“三权分立”，即用户角色分为系统管理员、配置管理员和审计管理员，这三类角色分别有各自权限，用户可以根据实际需求建立管理员。

admin 账号登录后，打开系统设置菜单，找到管理员账户管理选项，点击“新建”按钮，添加用户 secadm，设置密码，然后授权为安全管理员角色，选中启用，管理 IP 地址根据实际情况填写（如图 3-56 所示）。

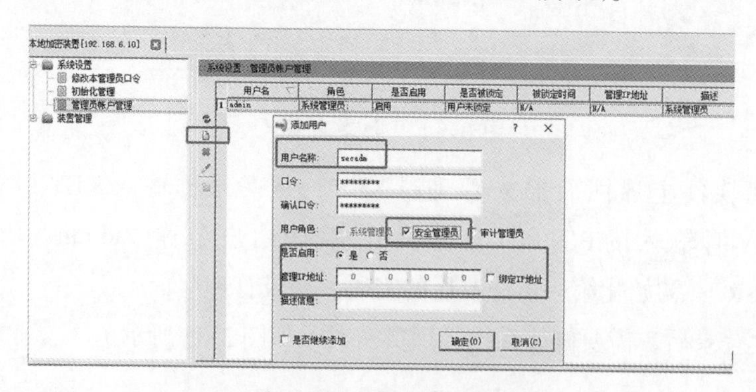

图 3-56　修改管理 IP

（1）用户名称：即登录名，由字母开头，字母与数字的组合，不可修改。

（2）口令：为 8 位或 8 位以上，由字母或数字组成。

（3）用户角色：即用户权限，用户登录后只能进行权限范围内的操作，用户可以拥有单一或多种权限。

（4）是否启用：只有在启用的情况下此用户才能够登录系统，缺省为是。

（5）描述信息：即用户备注信息。

可以采用同样的方式添加审计管理员账号，完成用户密码加固操作。

9. 以卫士通（SJJ1632–B）加密装置为例，简述安全策略加固项目中配置安全策略的操作步骤。

答：纵向加密装置的安全策略配置要求中规定，应配置跟业务相对应的安全策略，禁止开启与业务无关的服务。如策略应限制源、目的地址，不应包含过多非业务需求地址段以及策略应限制端口范围，应采用最小化配置等。具体操作如下：

（1）VLAN 设置：根据用户实际使用的网络结构，可能需要对纵向加密认证装置配置 VLAN 。加密装置的 VLAN 设置包括 VLAN 的添加、修改及删除，具体操作界面（如图 3-57 所示）。

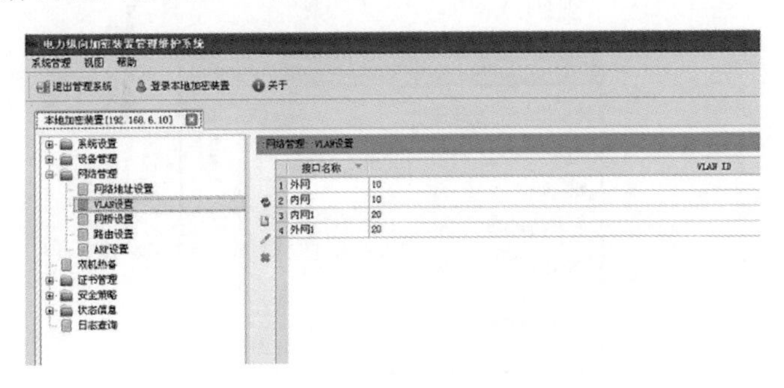

图 3-57　VLAN 设置

1）添加：点击添加按钮，选择接口并输入 VLAN ID 号，点击“确认”为接口添加 VLAN（如图 3-58 所示）。

图 3-58　VLAN 添加

2）接口名称：所要配置的装置网口的名称，从下拉列表中选择。

3）VLAN ID：所要配置网口的 VLAN ID 信息，范围 1~4094。

4）修改：选中相应 VLAN 配置信息，点击编辑按钮，修改 VLAN 配置信息，修改项包括接口名称、VLAN ID。

（2）路由配置。路由设置包括添加路由、删除路由、修改路由，根据用户需要可以选择路由类型进行添加。路由设置界面如图 3-59 所示。

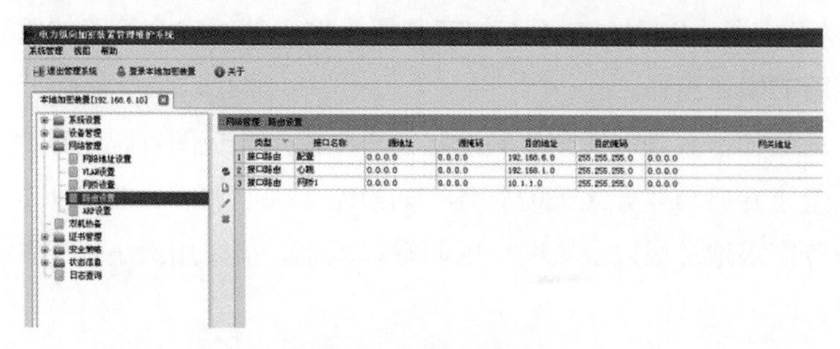

图 3-59　路由设置

1）添加子网路由：根据用户具体网络环境，需要添加子网路由时，点击添加按钮，类型选择子网路由（如图 3-60 所示）。

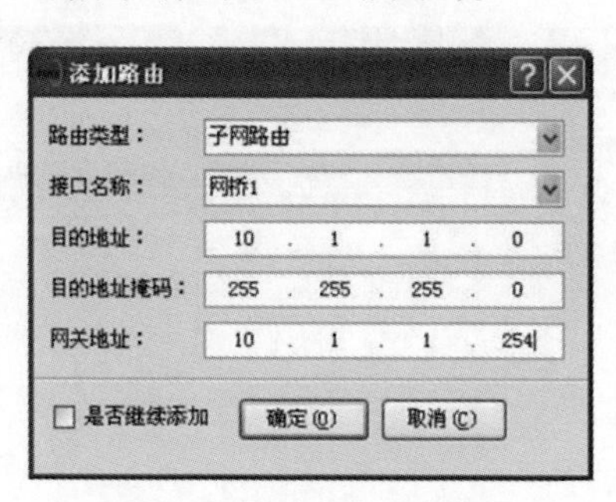

图 3-60　子网路由

a. 路由类型：路由信息的名称描述，包括子网路由、主机路由、缺省网关。

b. 接口名称：为所要配置网口名称。

c. 目的地址：所要到达网段的 IP 地址。

d. 目的地址掩码：为所要配置目的地址的掩码。

e. 网关地址：配置为外网口的通信地址。

2）添加主机路由：根据用户具体网络环境，需要添加主机路由时，点击添加按钮，选择主机路由（如图 3-61 所示）。

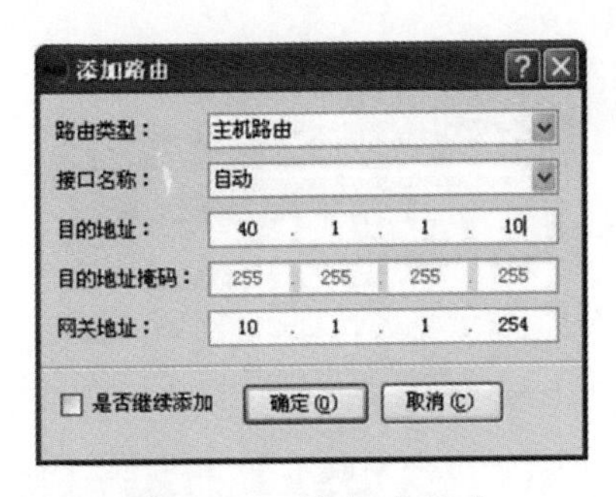

图 3-61　添加主路由

3）添加默认网关：需要添加默认网关时，点击添加按钮，类型选择默认网关。建议在双进双出的网络环境中尽量少使用缺省网关，最好配置为子网路由的形式（如图 3-62 所示）。

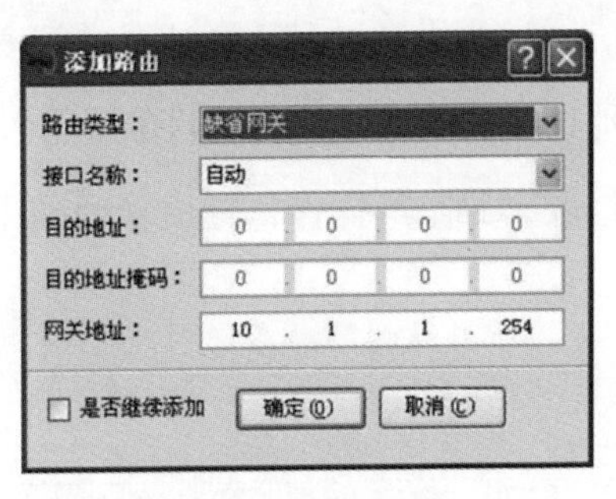

图 3-62　缺省网关

4）添加子网路由：需要添加子网路由时，点击添加按钮，类型选择子网路由。建议在双进双出的网络环境中尽量少使用缺省网关，最好配置为子网路由的形式（如图 3-63 所示）。

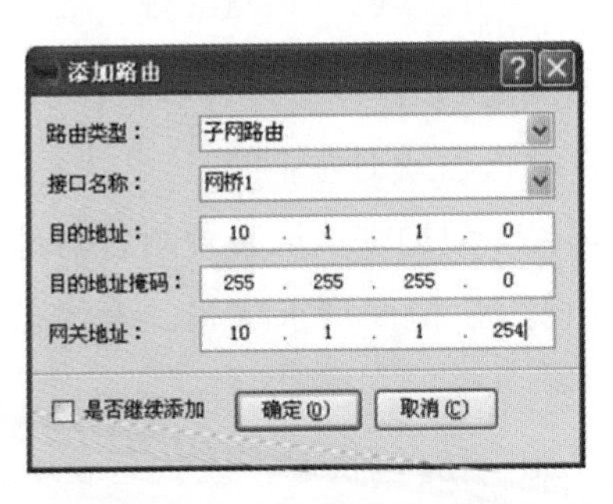

图 3-63　子网路由形式

5）修改：选中相应路由配置信息，点击编辑按钮，修改路由配置信息，修改项包括路由类型、接口名称、目的地址、目的地址掩码、网关地址（如图

3-64 所示）。

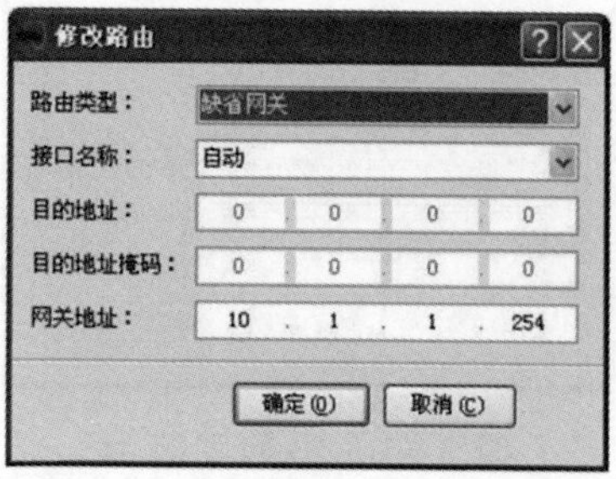

图 3-64　修改路由缺省网关

注：接口设置 IP 地址后，自动生成对应的接口路由。当接口 IP 地址修改或删除时、与该接口相关的路由信息自动删除。

（3）隧道信息配置。隧道为纵向加密认证装置之间安全传输数据的通道，其设置项包括隧道名、源地址、目的地址、备用目的地址及隧道通信模式等。隧道管理包括隧道的添加、修改和删除等操作，隧道管理操作界面如图 3-65 所示。

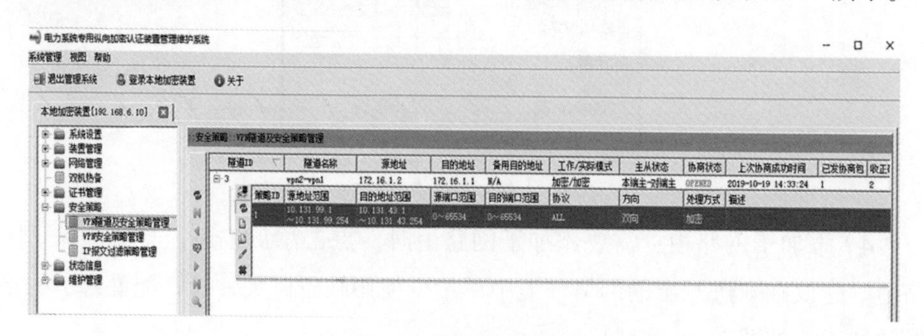

图 3-65　隧道管理

隧道信息中动态显示隧道状态，用户可以通过观察隧道协商状态来判断隧道工作是否正常。隧道协商状态分别为 4 种：

——INIT：初始状态，纵向加密认证装置刚启动时，处于该状态。

——REQU_SENT：已发出协商请求状态，该状态表示装置已经向对方发出协商请求包。

——RESP_SENT：发出响应包状态，该状态表示装置已经收到对方的请求包，并已向其发出响应。

——OPENED：话密钥协商完成，进入正常加密通信状态，上图即为该状态。

1）添加隧道：进入“安全策略”菜单的“VPN 隧道及安全管理”，点击添加隧道，并设定相关参数，添加界面（如图 3-66 所示）。

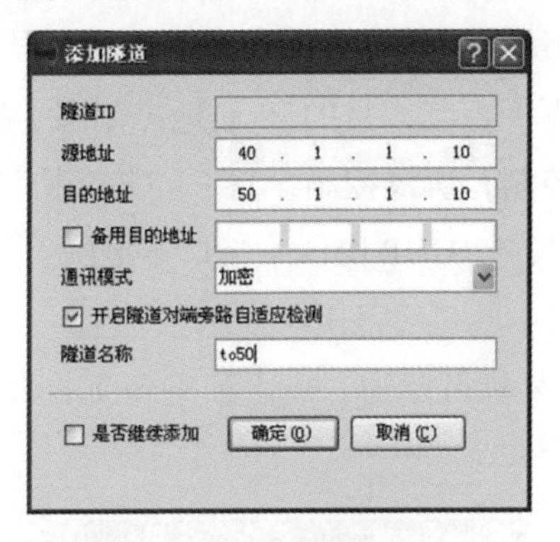

图 3-66　添加隧道

a. 隧道 ID：默认生成，用户无法修改。

b. 隧道源地址：本地端（或源端）纵向加密认证装置 IP 地址。

c. 隧道目的地址：对端（或目的端）纵向加密认证装置 IP 地址。

d. 备用目的地址：用于配置备用隧道目的 IP 地址，当对端隧道存在主备情况时使用。

e. 通讯模式：包括加密、明文、可选，默认为加密。

f. 隧道对端旁路自适应检测：默认开启，建议开启此功能，用于对端设备旁路后，本地设备探测及时切换通讯状态。

2）修改隧道：只能修改隧道通信模式、隧道名称以及是否开启旁路自适应检测。选中需要修改的隧道，点击修改按钮（如图 3-67 所示）。

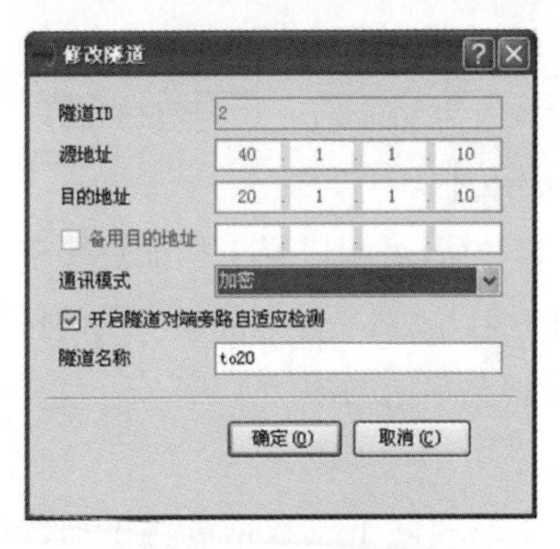

图 3-67　修改隧道

3）删除隧道：选中相应隧道信息点击删除按钮，删除相应的隧道以及隧道内的策略信息。

（4）隧道安全策略配置。加密通信策略用于实现具体通信策略和加密隧道的关联以及数据报文的综合过滤，加密认证装置具有报文过滤功能，过滤策略支持：源 IP 地址（范围）控制，目的 IP 地址（范围）控制，源 IP（范围）+目的 IP 地址（范围）控制，协议控制，TCP、UDP 协议+端口（范围）控制，源 IP 地址（范围）+ TCP、UDP 协议+端口（范围）控制，目标 IP 地址（范围）+ TCP、UDP 协议+端口（范围）控制。

点击隧道前面的符号展开隧道，点击策略界面的添加按钮，为隧道添加相应策略（如图 3-68 所示）。

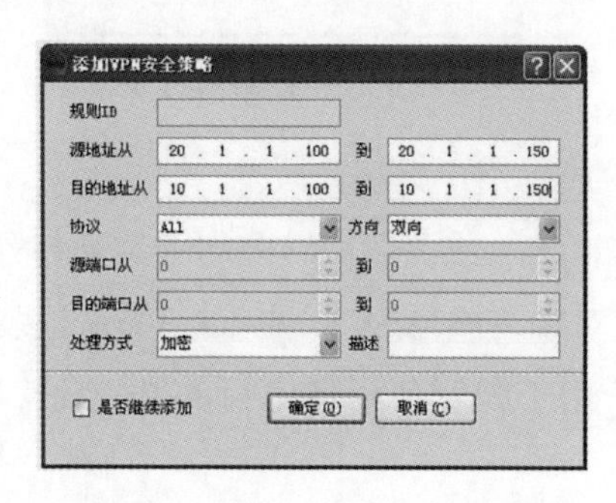

图 3-68　添加 VPN 安全策略

1）源地址范围：本地通信 IP 受保护地址范围。

2）目的地址范围：对端通信 IP 受保护地址范围。

3）协议：用于配置策略过滤协议，包括 ALL/ICMP/TCP/UDP。

4）源端口：用于配置源端口范围。

5）目的端口：用于配置目的端口范围。

6）处理方式：用于设置策略通信方式，包括允许、丢弃。

7）描述：策略的描述信息。

（5）端口细化配置 。为满足端口最小化配置要求，策略应限制源目的端口，不应放开业务需求的端口，对于端口随机变动的可限定端口范围。

在 VPN 安全策略管理菜单内的添加 VPN 安全策略窗口中，可添加端口策略（如图 3-69 所示）。

端口配置内容按照主站实际下发数据进行添加，且应按照最小化要求配置。例如源端口从 XX 到 XX，根据远动实际业务配置一般为 2404，这里就填写 2404。

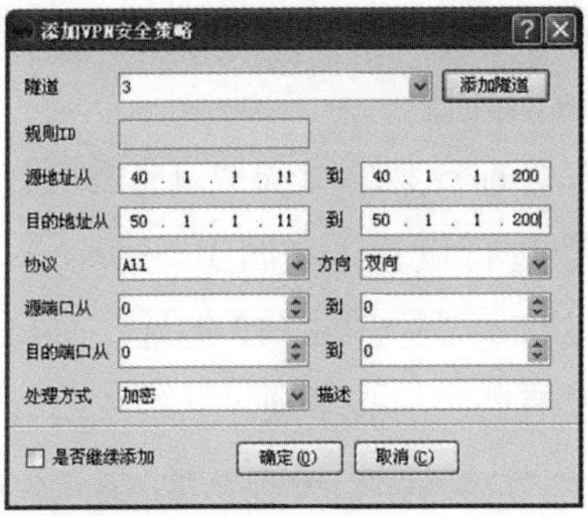

添加VPN安全策略

隧道 3 添加隧道
规则ID
源地址从 40 . 1 . 1 . 11 到 40 . 1 . 1 . 200
目的地址从 50 . 1 . 1 . 11 到 50 . 1 . 1 . 200
协议 All 方向 双向
源端口从 0 到 0
目的端口从 0 到 0
处理方式 加密 描述
是否继续添加 确定(O) 取消(C)

图 3-69 添加 VPN 安全策略端口

10.以卫士通（SJJ1632-B）加密装置为例，简述日志审计加固项目的操作步骤。

答：加密装置的日志审计加固要求规定设备应启用自身日志审计功能，并配置审计策略将告警日志转存至内网安全监视平台。

日志管理主要用于用户进行日志审计，日志信息中包含人员操作日志、系统信息日志、通信信息日志以及异常日志，用户可以及时有效获取日志信息（如图 3-70 所示）。

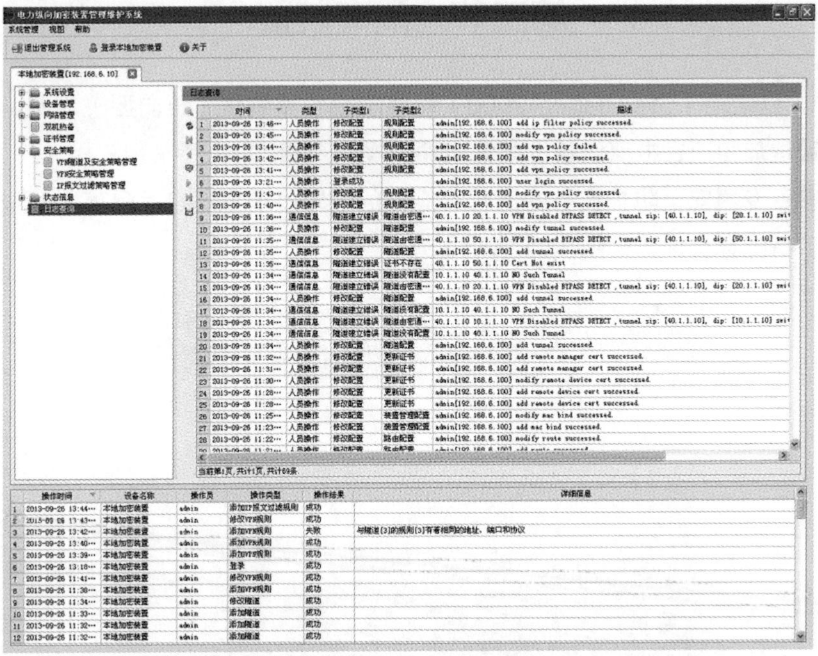

电力纵向加密装置管理维护系统

系统管理 视图 帮助

退出管理系统 登录本地加密装置 关于

本地加密装置(192.168.6.10)

系统设置
设备管理
网络管理
双机热备
证书管理
安全策略
VPN隧道及安全策略管理
VPN安全策略管理
IP报文过滤策略管理
状态信息
日志查询

日志查询

	时间	类型	子类型1	子类型2	描述
1	2013-09-26 13:46···	人员操作	修改配置	规则配置	admin[192.168.6.100] add ip filter policy successed.
2	2013-09-26 13:45···	人员操作	修改配置	规则配置	admin[192.168.6.100] modify vpn policy successed.
3	2013-09-26 13:44···	人员操作	修改配置	规则配置	admin[192.168.6.100] add vpn policy failed.
4	2013-09-26 13:42···	人员操作	修改配置	规则配置	admin[192.168.6.100] add vpn policy successed.
5	2013-09-26 13:41···	人员操作	修改配置	规则配置	admin[192.168.6.100] add vpn policy successed.
6	2013-09-26 13:21···	人员操作	登录成功		admin[192.168.6.100] user login successed.
7	2013-09-26 11:43···	人员操作	修改配置	规则配置	admin[192.168.6.100] modify vpn policy successed.
8	2013-09-26 11:40···	人员操作	修改配置	规则配置	admin[192.168.6.100] add vpn policy successed.
9	2013-09-26 11:36···	通信信息	隧道建立错误	隧道由密通···	40.1.1.10 20.1.1.10 VPN Disabled BYPASS DETECT , tunnel sip: [40.1.1.10], dip: [20.1.1.10] swi
10	2013-09-26 11:36···	人员操作	修改配置	隧道配置	admin[192.168.6.100] modify tunnel successed.
11	2013-09-26 11:35···	通信信息	隧道建立错误	隧道由密通···	40.1.1.10 50.1.1.10 VPN Disabled BYPASS DETECT , tunnel sip: [40.1.1.10], dip: [50.1.1.10] swi
12	2013-09-26 11:35···	人员操作	修改配置	隧道配置	admin[192.168.6.100] add tunnel successed.
13	2013-09-26 11:35···	通信信息	隧道建立错误	证书不存在	40.1.1.10 50.1.1.10 Cert Not exist
14	2013-09-26 11:34···	通信信息	隧道建立错误	隧道没有配置	10.1.1.10 40.1.1.10 NO Such Tunnel
15	2013-09-26 11:34···	通信信息	隧道建立错误	隧道由密通···	40.1.1.10 20.1.1.10 VPN Disabled BYPASS DETECT , tunnel sip: [40.1.1.10], dip: [20.1.1.10] swi
16	2013-09-26 11:34···	人员操作	修改配置	隧道配置	admin[192.168.6.100] add tunnel successed.
17	2013-09-26 11:34···	通信信息	隧道建立错误	隧道没有配置	10.1.1.10 40.1.1.10 NO Such Tunnel
18	2013-09-26 11:34···	通信信息	隧道建立错误	隧道由密通···	40.1.1.10 10.1.1.10 VPN Disabled BYPASS DETECT , tunnel sip: [40.1.1.10], dip: [10.1.1.10] swi
19	2013-09-26 11:34···	通信信息	隧道建立错误	隧道没有配置	10.1.1.10 40.1.1.10 NO Such Tunnel
20	2013-09-26 11:34···	人员操作	修改配置	隧道配置	admin[192.168.6.100] add tunnel successed.
21	2013-09-26 11:32···	人员操作	修改配置	更新证书	admin[192.168.6.100] add remote manager cert successed.
22	2013-09-26 11:31···	人员操作	修改配置	更新证书	admin[192.168.6.100] add remote manager cert successed.
23	2013-09-26 11:30···	人员操作	修改配置	更新证书	admin[192.168.6.100] modify remote device cert successed.
24	2013-09-26 11:28···	人员操作	修改配置	更新证书	admin[192.168.6.100] add remote device cert successed.
25	2013-09-26 11:28···	人员操作	修改配置	更新证书	admin[192.168.6.100] add remote device cert successed.
26	2013-09-26 11:25···	人员操作	修改配置	装置管理配置	admin[192.168.6.100] modify mac bind successed.
27	2013-09-26 11:23···	人员操作	修改配置	装置管理配置	admin[192.168.6.100] add mac bind successed.
28	2013-09-26 11:22···	人员操作	修改配置	路由配置	admin[192.168.6.100] modify route successed.

当前第1页，共计1页，共计69条。

	操作时间	设备名称	操作员	操作类型	操作结果	详细信息
1	2013-09-26 13:44···	本地加密装置	admin	添加IP报文过滤规则	成功	
2	2013-09-26 13:43···	本地加密装置	admin	修改VPN规则	成功	
3	2013-09-26 13:42···	本地加密装置	admin	添加VPN规则	失败	与隧道[3]的规则[3]有着相同的地址、端口和协议
4	2013-09-26 13:40···	本地加密装置	admin	添加VPN规则	成功	
5	2013-09-26 13:39···	本地加密装置	admin	添加VPN规则	成功	
6	2013-09-26 13:18···	本地加密装置	admin	登录	成功	
7	2013-09-26 11:41···	本地加密装置	admin	修改VPN规则	成功	
8	2013-09-26 11:38···	本地加密装置	admin	添加VPN规则	成功	
9	2013-09-26 11:34···	本地加密装置	admin	修改隧道	成功	
10	2013-09-26 11:33···	本地加密装置	admin	添加隧道	成功	
11	2013-09-26 11:32···	本地加密装置	admin	添加隧道	成功	
12	2013-09-26 11:32···	本地加密装置	admin	添加隧道	成功	

图 3-70 日志查询

可以按条件搜索日志信息，用户可以通过日志类型、发生时间、日志内容 3 种搜索方式来获取相应日志信息。

选择系统界面“装置管理”菜单里的“设备参数设置”选项，可以对密钥协商、日志服务器等参数进行设置（如图 3-71 所示）其中在日志服务器参数一栏内，可以根据用户 Syslog 服务器的 IP 地址、端口填写，本装置标识为本设备上传日志信息的标识信息，为必填项。

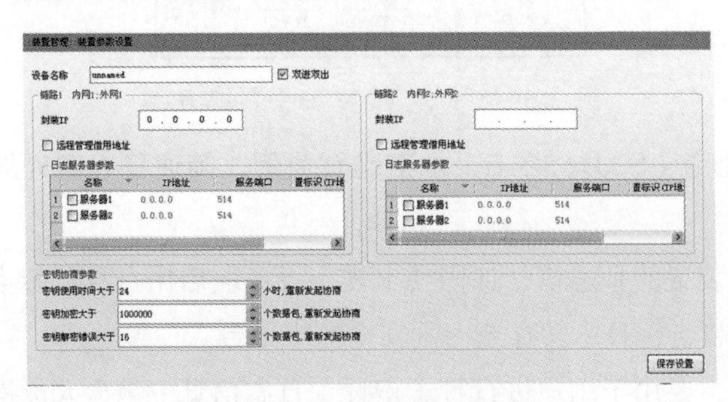

图 3-71　装置参数设置

第三节　隔离装置

1. 以南瑞（SysKeeper–2000）网络安全隔离装置（正向型）为例，简述设备管理加固项目中离线备份配置文件的操作步骤。

答：专用安全防护设备的运行可靠性的配置要求里规定，隔离装置应定期离线备份配置文件（如图 3-72 所示）。

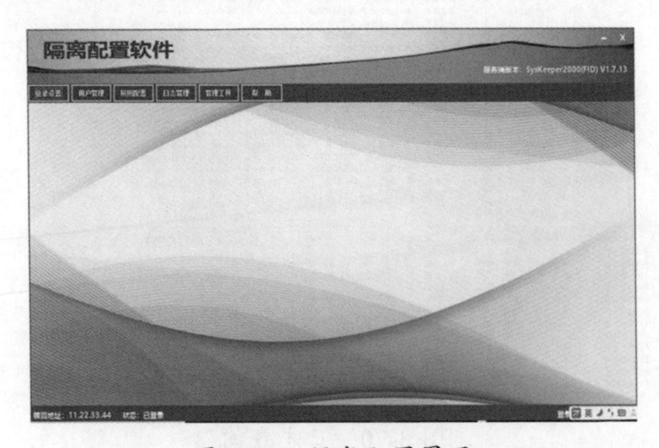

图 3-72　隔离配置界面

在隔离装置配置主界面选择管理工具，点击“规则包导出”，弹出选择保存路径对话框，选择规则待存放的本地路径，将规则命名完成后，点击保存确定后方可完成配置文件备份工作（如图 3-73 所示）。

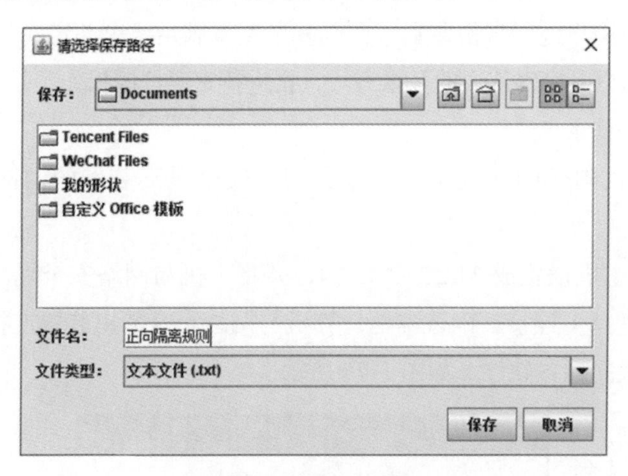

图 3-73　选择保存路径

2. 以南瑞（SysKeeper–2000）网络安全隔离装置（正向型）为例，简述设备管理加固项目中装置对时配置的操作步骤。

答：专用安全防护设备的运行可靠性的配置要求里规定，隔离装置等安全防护设备应保障系统时间与时钟服务器保持一致，支持 NTP 网络对时的设备应配置 NTP 对时服务器；不支持 NTP 服务的安全设备应手工定期设定时间与时钟服务器一致（如图 3-74 所示）：

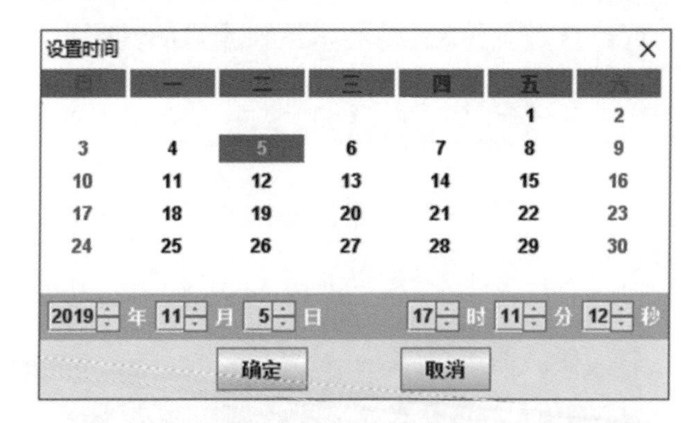

图 3-74　设置时间

在隔离装置配置主界面选择管理工具，点击“时间设置”选项，可采用手动方式按照时钟服务器进行时间设置。

3. 以南瑞（SysKeeper–2000）网络安全隔离装置（正向型）为例，简述用户密码加固项目中用户登录的操作步骤。

答：专用安全防护设备中隔离装置的用户与密码加固项目中规定，应对访问安全设备的用户进行身份鉴别，密码复杂度应满足要求并定期更换。

先启用用户名密码认证的登录方式，再进行密码修改操作，具体配置如下：

（1）用户登录。

1）用随机附带的配置网线连接到网络安全隔离装置的内网 MGMT（管理口）。

2）本地主机设置成 11.22.33.43/24，并将本机与网络安全隔离装置的内网 MGMT（管理口）连接，确认本地计算机与网络安全隔离装置连接正常后启动安全隔离装置的配置软件（如图 3-75 所示）。

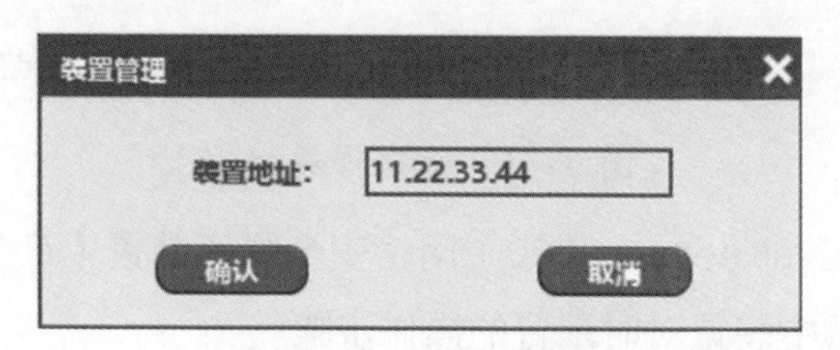

图 3-75　装置管理

修改装置地址为网络安全隔离装置的管理地址，默认地址为 11.22.33.44，点击确认。输入用户名和密码后点击登录，其中 admin 为安全管理员账户，用于对设备的配置管理（如图 3-76 所示）。

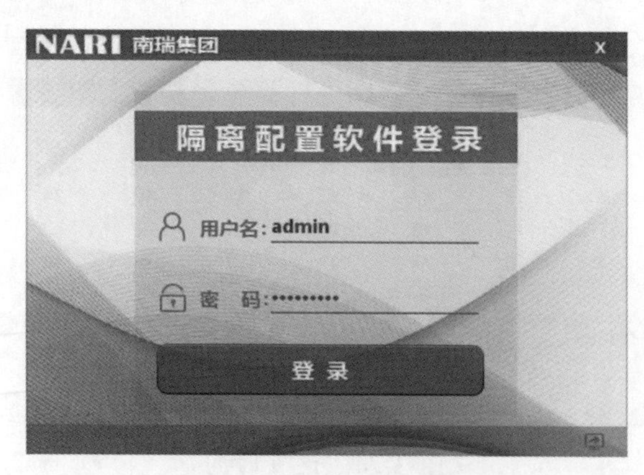

图 3-76　装置登录界面

（2）用户密码修改。在隔离装置配置主界面选择用户管理，点击“修改密码”选项，出现修改密码对话框，分别输入原密码、新密码，确认新密码，即可完成修改工作（如图 3-77 所示）。

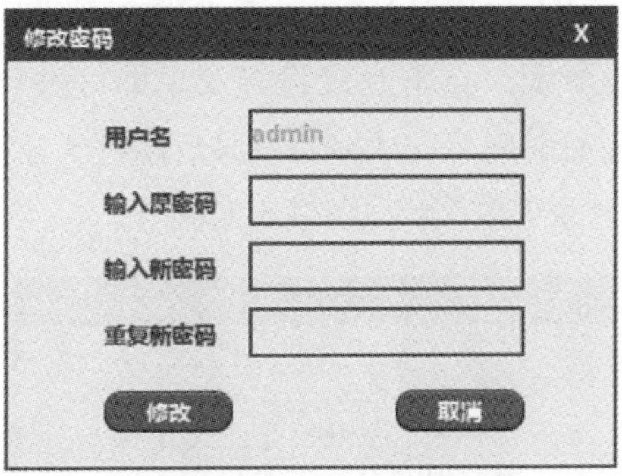

图 3-77　修改密码

4. 以南瑞（SysKeeper–2000）网络安全隔离装置（正向型）为例，简述用户密码加固项目中用户管理的操作步骤。

答：隔离装置应按照用户性质分配账号。避免不同用户间共享账号。避免人员和设备通信公用同一账号。应实现系统管理、网络管理、安全审计等设备特权用户的权限分离，并且网络管理特权用户管理员无权对审计记录进行操作。南瑞（SysKeeper-2000）网络安全隔离装置（正向型）初始账号即三类，分别为安全管理员账户、系统管理员账户以及日志审计账户。

（1）安全管理员账户：admin，用于对设备的配置管理。

（2）系统管理员账户：system 用于对设备用户的维护管理。

（3）日志审计账户：audit 用于对设备日志管理。

选择需要的权限账户登录后，更改密码即可（如图 3-78 所示）。

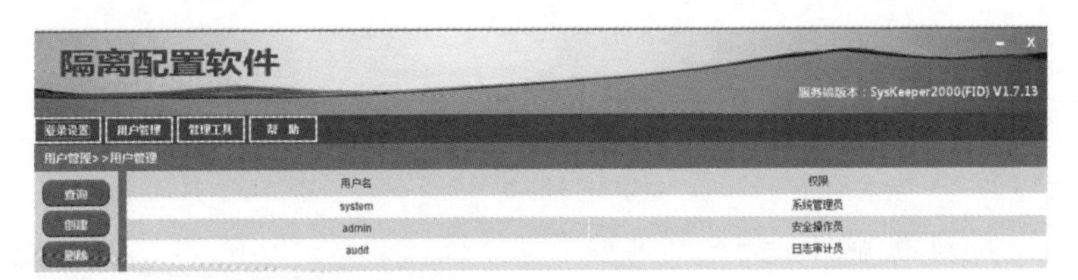

图 3-78　用户管理

5. 以南瑞（SysKeeper-2000）网络安全隔离装置（正向型）为例，简述安全策略加固项目中登录超时的操作步骤。

答：隔离装置要求配置账户定时自动退出功能，退出后用户需要再次登录方可进入系统，且账号登录后超过5分钟无动作应自动退出。具体配置如下：打开隔离配置软件主界面，点击登录设置菜单即可进行修改（如图3-79所示）；根据要求修改超时时间可完成账号登录后超过5分钟无动作应自动退出的功能，同时可设置登录失败次数以及锁定时间等。

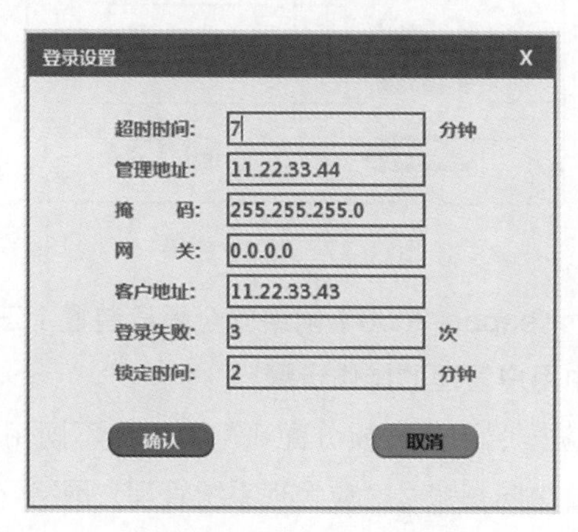

图3-79 登录设置

6. 以南瑞（SysKeeper-2000）网络安全隔离装置（正向型）为例，简述安全策略加固项目中配置安全策略的操作步骤。

答：隔离装置的安全策略规定为应配置跟业务相对应的安全策略，禁止开启与业务无关的服务。网络安全隔离产品（正向型）采用截断TCP连接的方法，剥离数据包中的TCP/IP头，将内网的纯数据通过正向数据通道发送到外网，同时只允许应用层不带任何数据的TCP包的控制信息传输到内网，保护内网监控系统的安全性。具体配置如下：

（1）点击“规则配置”菜单下的“策略配置”选项，进入策略配置界面（如图3-80所示）。

（2）策略配置界面左侧一列为常用操作按钮，具体功能如下。

1）刷新：点击左侧刷新按钮，可以通过此功能下载装置里的配置文件到本地进行展示。

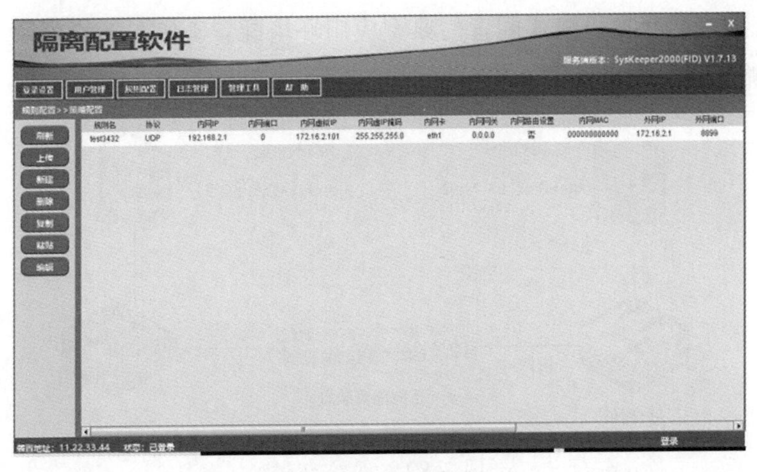

图 3-80　策略配置

2）上传：点击左侧上传按钮，将当前配置界面的所有规则上传保存到装置。

3）新建：点击左侧新建按钮，在当前界面中新增一条默认配置。

4）删除：点击删除按钮，只从当前列表中将当前选择的配置删除。

5）复制：点击复制按钮，复制当前列表中选择的一条规则。

6）粘贴：点击粘贴按钮，粘贴当前列表中已复制的一条规则。

7）编辑：点击编辑按钮，当前列表中选择的一条规则，将弹出编辑资源配置对话框，根据环境配置和修改相应的参数（如图 3-81 所示）。

编辑配置

基本设置

规则名称 test3432　　协议类型 UDP

内网设置		外网设置	
IP地址	192.168.2.1	IP地址	172.16.2.1
端口	0	端口	8899
虚拟IP	172.16.2.101	虚拟IP	192.168.2.101
虚拟IP掩码	255.255.255.0	虚拟IP掩码	255.255.255.0
网卡	eth1	网卡	eth1
网关	0.0.0.0	网关	0.0.0.0
是否设置路由	否	是否设置路由	否
MAC地址绑定	000000000000	MAC地址绑定	000000000000

保存　　取消

图 3-81　编辑配置

以某二层交换机模式配置的典型应用环境配置（如图3-82所示）为例，进行策略配置过程示意。

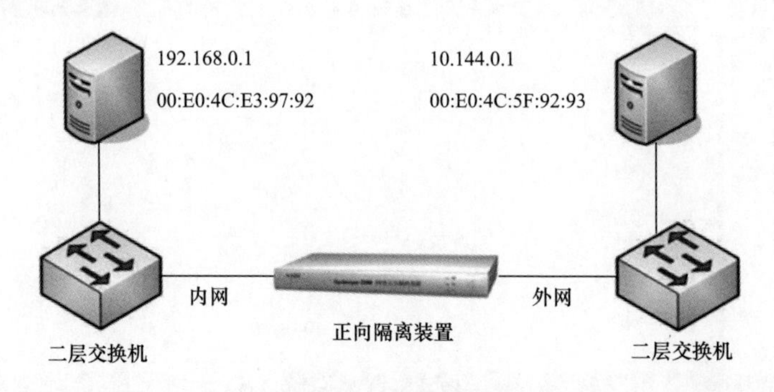

图3-82　网络环境

内网主机为客户端，IP地址为192.168.0.1，虚拟IP为10.144.0.2，MAC地址为00:E0:4C:E3:97:92；外网主机为服务端，IP地址为10.144.0.1，虚拟IP为192.168.0.2，MAC地址为00:E0:4C:5F:92:93，假设Server程序数据接收端口为1111，隔离装置内外网卡都使用eth1。

配置细则如图3-83所示。

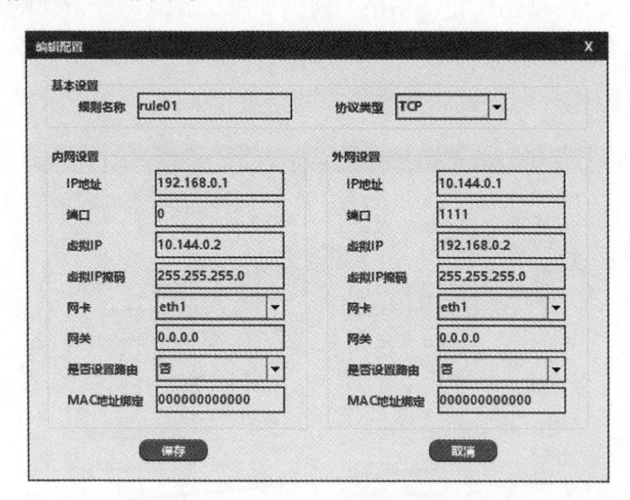

图3-83　配置细则

注：

1. 如果内网向外网发送UDP广播报文，规则配置中外网IP地址设置为外网广播地址（10.144.0.255）或者全网广播地址（255.255.255.255）；外网MAC地址设置为FFFFFFFFFFFF，外网MAC和IP需要执行绑定。外网虚拟

IP 地址设置为内网网段的广播地址（192.168.0.255）。

2. 如果内网向外网发送 UDP 组播报文，规则配置中外网 IP 地址设置为外网组播地址，外网 MAC 地址设置为组播 MAC 地址，外网 MAC 和 IP 需要执行绑定，外网虚拟 IP 地址也设置为外网组播地址，内网虚拟 IP 地址设置为内网 IP 地址。

3. 如果隔离装置两边主机是同一网段，虚拟 IP 地址与真实的 IP 地址相同。例如主机 C（10.144.100.1），与主机 D（10.144.100.2）进行通信，此时可以把主机 C 的虚拟 IP 地址设置为 10.144.100.1，主机 D 的虚拟 IP 地址设置为 10.144.100.2。

同时，加密装置在物理上控制反向传输芯片的深度，在硬件上保证从低安全区到高安全区的 TCP 应答禁止携带应用数据，大大增强了高安全区业务系统的安全性。在物理上实现了数据流的纯单向传输，数据只能从内网流向外网。

7. 以南瑞（SysKeeper–2000）网络安全隔离装置（正向型）为例，简述日志审计加固项目的操作步骤。

答：隔离装置的日志审计加固要求规定设备应启用自身日志审计功能，并配置审计策略。先启用设备日志审计功能，然后通过配置将日志转存到内网监视平台，具体配置如下：

日志管理部分提供日志配置功能，即将此设备的系统日志、故障日志等发送至日志服务器（内网监视平台）。点击“日志配置”，出现日志配置对话框（如图 3-84 所示）。

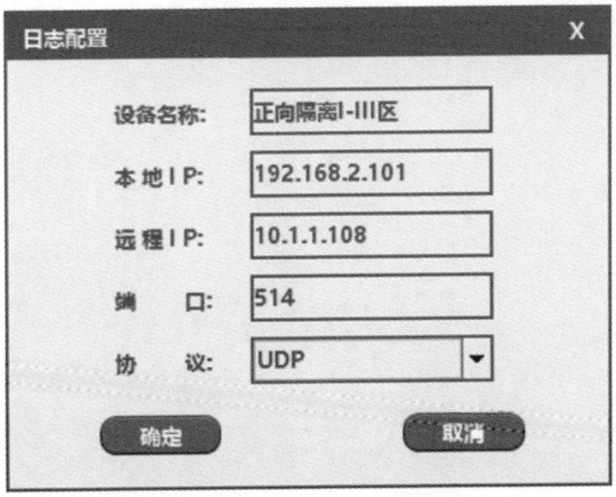

图 3-84　日志配置

（1）设备名称：本台发送的日志的名称，建议英文字母，表示哪台设备的日志。

（2）本地 IP：从现有配置规则或新建一条配置规则中选择内网虚拟地址或外网虚拟地址（若日志服务器在内网，则填写外网虚拟地址；若日志服务器在外网，则填写外网虚拟地址）。

（3）远程 IP：日志服务器的 IP 地址 。

（4）端口：固定填写 514 。

（5）协议：日志发送使用 UDP 协议，故选择 UDP 协议。

第四章　操作系统

第一节　Linux 操作系统

1. 以 Linux（Centos）操作系统为例，简述配置管理加固项目的操作步骤。

答：配置管理加固项目操作步骤如下：

（1）用户策略配置。

1）查看用户列表。

cat/etc/passwd（记录当前用户列表）

more/etc/passwd（查看有没有存在 news、halt、root、adm 等多余用户）

2）清除过期或多余账户。

vi /etc/passwd（在 root 账户下，使用 vi 编辑文件 etc/passwd，在多余账户前面用 # 注释该账户或者将用户末尾 /bin/bash 改为 /sbin/nologin）。

（2）身份鉴别配置。

1）查看当前密码策略。

cat/etc/pam.d/system-auth（查看 system-auth 文件）

vi/etc/pam.d/system-auth（使用 vi 编辑器编辑文件 etc/pam.d/system-auth）

配置密码复杂度，在该文件中添加以下参数：

password requisite pam_cracklib.so retry =3 minlen=8 ucredit=1 lcredit=1 dcredit=2 ocredit=1（retry =3，用户有 3 次出错的机会；minlen=8，最小密码长度为 8；ucredit=1，大写字母至少 1 个；lcredit=1，小写字母最小 1 个；dcredit=2，数字至少 2 个；ocredit=1，特殊字符至少 1 个）

2）登录失败策略。

vi/etc/pam.d/system.auth（使用 vi 编辑器编辑文件 etc/pam.d/system.auth）

配置密码复杂度，在该文件中添加以下参数：

account required pam_tally2.so deny=5 unlock_time=300

vi/etc/login.defs（使用 vi 编辑器，编辑文件 etc/login.defs）

编辑以下参数：

PASS_MAX_DAYS 90（密码最大有效 90 天）

PASS_MIN_DAYS 1（密码修改之间最小天数为 1）

PASS_MIN_LEN 8（密码最小长度为 1）

PASS_WARN_AGE 28（密码失效前提前 28 天告警）

注：修改密码策略参数后，一定要在规定时间内修改密码。

（3）桌面配置。

1）在桌面创建启动应用的“快捷图标”，以后监控登录后，仅只需在桌面上鼠标双击启动人机应用即可（说明：“快捷图标”的创建由人机提供）。

2）rpm –e nautilus-open-terminal（禁用鼠标右键“打开终端”）。

3）禁用开始菜单和任务栏上的快捷应图标：

a. 鼠标移动到“开始”菜单上，右键选择“从面板删除”；

b. 鼠标移动到“任务栏”其他快捷小图标上，选择“从面板删除”；

c. 鼠标移动到“工作区”图标上，选择“从面板删除”。

（4）补丁管理配置。使用漏扫装置对操作系统进行漏洞扫描后，统一配置补丁更新策略，确保操作系统安全漏洞得到有效修补。对高危安全漏洞应进行快速修补，以降低操作系统被恶意攻击的风险。

（5）主机配置。

1）查看是否存在默认路由：netstat -nr 不允许存在 0.0.0.0 192.168.189.254 255.255.255.0 eth0 或者 default 192.168.189.254 255.255.255.0 eth0。

2）检查默认路由存在哪个网口下：在 /etc/sysconfig 或 /etc/rc.local 文件下查找网口配置文件，删除默认路由。

2. 以 Linux（Centos）操作系统为例，简述网络管理加固项目的操作步骤。

答：网络管理加固项目操作步骤如下：

（1）防火墙功能配置。

1）iptables -list（查看防火墙规则）

2）在 /etc/sysconfig/iptables 文件夹下修改防火墙规则。若无此文件，则在终端里编辑防火墙规则，编写完成后输入：

iptables-save（生成 iptables 文件）

c.service iptables start（使用防火墙）

d.chkconfig iptables on（开机自启动防火墙）

（2）网络服务管理。

1）查看是否存在多余服务。查看是否存在 ftp 21（用于连接服务器）、20（用于传输数据）、rlogin（543）、rsh（544 kshell）、nfs（2049）、telnet（23）、sendmail（25）、DHCP（68）等多余服务：

chkconfig –list（查看服务列表）

ps -ef | grep ftp（查看 ftp 服务进程）

ps -ef | grep sendmail（查看 sendmail 服务进程）

telnet localhost（远程登录本机检查 telnet 服务是否开启）

rlogin localhost（远程登录本机检查 rlogin 服务是否开启）

rsh localhost（远程登录本机检查 rsh 务是否开启）

service nfs status（查看 nfs 服务状态）

netstat -apt | grep（查看网卡状态）

注：如果为监控系统无关不用的服务，需关闭。

2）用 chkconfig 命令设置某个服务不自动启动。

httpd：chkconfig -level 35 httpd off（让某个服务不自动启动，35 指的是运行级别）

httpd：chkconfig --level 35 httpd on（让某个服务自动启动）

chkconfig --list（查看所有服务的启动状态）

chkconfig --list |grep httpd（查看某个服务的启动状态）

3）关闭 telnet 服务。vi 编辑 /etc/xinetd.d/telnet，将文件中 disable = no 改为 yes 后重启 xinetd 服务。

service xinetd restart（telnet 是嵌套在 xinetd 服务中的）。

3. 以 Linux（Centos）操作系统为例，简述接入管理加固项目操作步骤。

答：接入管理加固项目操作步骤如下：

（1）外设接口配置。

cd/lib/modules/$（uname-r）/kernel/drivers/usb/storage

ls usb-storage.ko（查看是否存在 usb-storage.ko）

mv usb-storage.ko nousb-storage.ko.bak（修改 usb 驱动名称为 nousb-storage.ko.bak，使其不生效）

（2）自动播放配置。禁止外部存储设备自动播放或自动打开功能，避免程序通过移动存储设备的自动播放或自动打开实现入侵。

（3）远程登录配置。

1）卸载 telnet。

#rpm -e telnet telnet-server（删除 telnet 软件包）

2）关闭 ssh 服务（处于网络边界的主机 ssh 服务通常情况下处于关闭状态，有远程登录需求时可由管理员开启）。

#service sshd stop（停止 ssh 服务）

#chkconfig sshd off（关闭 ssh 自启动）

3）限制指定 IP 地址范围主机的远程登录。

vi /etc/hosts.allow（编辑 hosts.allow 文件）

sshd:192.164.20.*:allow（限制 IP 范围在 192.164.20 地址段）

sshd:10.24.4*:allow（限制 IP 地址范围在 10.24.4 地址段）

4）主机间登录禁止使用公钥验证，应使用密码验证模式。

vi /etc/hosts.deny（编辑 hosts.deny 文件）

sshd:all:deny（禁止所有用户 ssh 登录）

5）操作系统使用的 ssh 协议版本应高于 openssh v7.2。

vi /etc/ssh/sshd_config（编辑 sshd_config 文件）

RSA Authentication no（RSA 认真关闭）

Pubkey Authentication no（RSA 公钥认真关闭）

6）600 秒内无操作，自动退出。

vi /etc/profile（编辑 profile 文件）

TIMEOUT=600（设置 600 秒内无操作，自动退出）

umask=0027（设置权限为 750，也即 rwxr-X---，所有者全部权限）

（4）外部连接管理配置。禁止用户通过拨号、3G 网卡、无线网卡、IE 代理等方式连接互联网。

4. 以 Linux（Centos）操作系统为例，简述日志与审计加固项目的操作步骤。

答：日志与审计加固项目操作步骤如图 4-1 所示。

（1）查看关键日志。

more /etc/syslog.com

或

more /etc/rsyslog.conf（查看是否存在 /var/log/secure 和 /var/log/messages 日志信息）

（2）查看日志的保存周期。

more /etc/logrotate.conf（查看日志的保存周期是否为 6 个月）

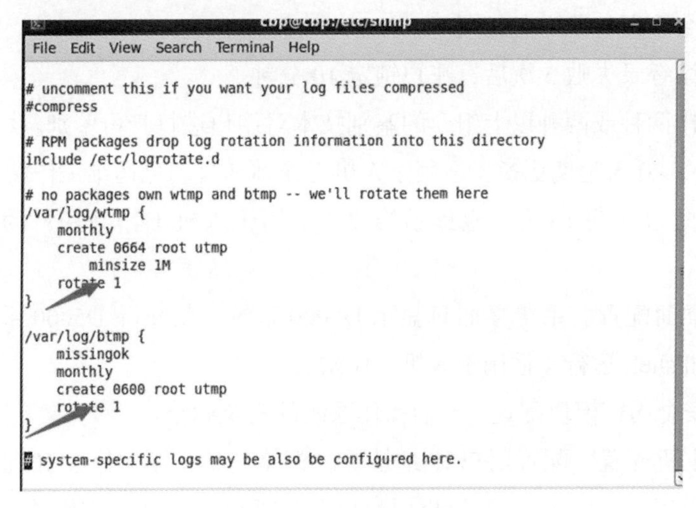

图 4-1　加固步骤

第二节　麒麟操作系统

1. 以麒麟操作系统为例，简述配置管理加固项目的操作步骤是什么。

答：配置管理加固项目操作步骤如下：

（1）用户策略配置。操作系统不存在超级管理员，根据管理用户的角色分配权限，实现权限分离，仅授予管理用户所需的最小权限。保证操作系统中不存在多余的或过期账户。

1）操作系统中不应存在超级管理员账户，管理权限应分别由安全管理员、系统管理员、审计管理员配合实现。

2）操作系统中除系统默认账户外不存在与 D5000 系统无关的账户。

3）对重要信息资源设置敏感标记，并严格控制不同用户对有敏感标记的信息资源的操作。

（2）身份鉴别配置。操作系统账户口令具有一定的复杂度。预先定义不成功鉴别尝试的管理参数（包括尝试次数和时间的阈值），并明确规定达到该值时采取的拒绝登录措施。

1）口令长度不小于 8 位。

2）口令是字母、数字和特殊字符组成。

3）口令不得与账户名相同。

4）连续登录失败 5 次后，账户锁定 10 分钟。

5）采用两种或两种以上组合的鉴别技术对用户进行身份鉴别。

6）口令 90 天定期更换（适用于人机工作站和自动化运维工作站）。

7）口令过期前 10 天，应提示修改（适用于人机工作站和自动化运维工作站）。

（3）桌面配置。系统桌面只显示 D5000 系统，禁止除 D5000 系统外的其他程序，如 shell 运行（适用于人机工作站）。

（4）安全内核模块配置。开启操作系统的安全内核。

（5）主机配置。配置用户 IP 地址更改策略，禁止用户修改 IP 地址或在指定范围内设置 IP 地址。配置禁止用户更改计算机名策略。主机禁止配置默认路由。

（6）特权账户控制配置。系统中不存在超级管理员，应将超级管理员的权限合理分配给不同账户。

（7）操作权限配置。按照权限最小化原则，将平台与应用的权限分配给不同角色。根据用户的职责关联其用户相关的角色。

（8）实时数据库修改权限配置。按照权限最小化原则，将实时数据库修改权限分配给确定的角色；其仅将实时数据库维护用户的权限关联到该角色。

（9）口令管理配置。用户口令应具备足够的强度，口令应定期更换。

（10）口令管理配置。关键设备应使用两种方式组合方式实施用户认证。

（11）登录控制配置。同一账户能且仅能在一个节点登录人机界面工具。人机界面工具一段时间内无操作，用户应自动退出登录。限制连续失败登录次数，并确定处理方式。

（12）监控责任区配置。调度员、监控员等用户的设备操作应限制在特定的责任区范围内。

（13）控制功能配置。对于调度员和监控员的远方控制操作（如遥控、遥调、AGC 设点、AVC 投切），应采用调度数字证书及安全标签技术进行安全加固。

2. 以麒麟操作系统为例，简述网络管理加固项目的操作步骤。

答： 网络管理加固项目操作步骤如下：

（1）防火墙功能配置。

1）配置基于目的 IP 地址、端口、数据流向的网络访问控制策略。

2）限制端口的最大连接数，在连接数超过 100 时进行预警。

（2）网络服务管理配置。

1）操作系统应遵循最小安装的原则，仅安装和开启必需的服务，禁止与 D5000 系统无关的服务开启。

2）关闭 ftp、telnet、login、135、445、SMTP/POP3、SNMPv3 以下版本等公共网络服务。

3. 以麒麟操作系统为例，简述接入管理加固项目的操作步骤。

答： 接入管理加固项目操作步骤如下：

（1）外设接口配置。

1）配置外设接口使用策略，只准许特定接口接入设备。

2）保证鼠标、键盘、Ukey（除人机工作站和自动化运维工作站外，禁止 Ukey 的使用）等常用外设的正常使用，其他设备一律禁用，非法接入时产生告警。

（2）自动播放配置。关闭移动存储介质的自动播放或自动打开功能。关闭光驱的自动播放或自动打开功能。

（3）远程登录配置。

1）远程登录应使用 ssh 协议，禁止使用其他远程登录协议。

2）处于网络边界的主机 ssh 服务通常情况下处于关闭状态，有远程登录需求时可由管理员开启。

3）限制指定 IP 地址范围主机的远程登录。

4）主机间登录禁止使用公钥验证，应使用口令验证模式。

5）操作系统使用的 ssh 协议版本应高于 openssh v7.2。

6）600 秒内无操作，自动退出。

4. 以麒麟操作系统为例，简述外部链接管理加固项目的操作步骤。

答：外部链接管理加固项目操作步骤如下。

（1）配置禁止 Modem 拨号。

（2）禁止使用无线网卡。

（3）禁止使用 3G 网卡。

（4）配置主动联网检测策略。

（5）禁用非法 IE 代理上网。

第三节　Solaris 操作系统

1. Solaris 操作系统用户身份鉴别加固项目有哪些？

答：Solaris 操作系统用户身份鉴别加固项目如下。

（1）密码是否加密存储，密码的有效期是否小于 90 天。

（2）密码长度是否大于 8 位，且为字母、数字或特殊字符的混合组合，用户名和口令是否相同，密码策略是否启用。

（3）系统是否启用登录失败处理功能，即尝试错误密码多少次后锁定账户多长时间。

（4）系统是否开启 telnet、ftp、rlogin 等非加密传输的远程管理。

（5）系统是否为不同用户分配不同的用户名以确保用户名具有唯一性。

（6）应采用两种或两种以上组合的鉴别技术对管理用户进行身份鉴别。

2. Solaris 操作系统访问控制加固项目有哪些？

答：Solaris 操作系统访问控制加固项目如下。

（1）系统是否根据管理用户的角色分配权限，实现管理用户的权限分离，仅授予管理用户所需的最小权限。

（2）查看系统的 umask 值是否为 027。

（3）系统是否存在多余的不必要用户。

（4）系统应对重要信息资源设置敏感标记，主机不支持敏感标记的，应在系统级生成敏感标记，使系统整体支持强制访问控制机制。

3. Solaris 操作系统安全审计加固项目有哪些？

答：Solaris 操作系统安全审计加固项目如下。

（1）系统审计范围应覆盖到服务器和重要客户端上的每个操作系统用户。

（2）审计内容应包括重要用户行为、系统资源的异常使用和重要系统命令的使用等系统重要安全相关事件，至少包括用户的添加和删除、审计功能的启动和关闭、审计策略的调整、权限变更、系统资源的异常使用、重要的系统操作（如用户登录、退出）等。

（3）审计记录应包括事件的日期、时间、类型、主体标识、客体标识和结果等。

（4）应保护审计记录，避免受到未预期的删除、修改或覆盖。

（5）应能够通过操作系统自身功能或第三方工具根据记录数据进行分析，并生成审计报表。

（6）应保护审计进程，避免受到未预期的中断。

4. Solaris 操作系统入侵防范加固项目有哪些？

答：Solaris 操作系统入侵防范加固项目如下。

（1）应能够检测到对重要服务器进行入侵的行为，能够记录入侵的源 IP、攻击的类型、攻击的目的、攻击的时间，并在发生严重入侵事件时提供报警。

（2）应能够对重要程序的完整性进行检测，并具有完整性恢复的能力。

5. Solaris 操作系统恶意代码防范加固项目有哪些？

答：Solaris 操作系统恶意代码防范加固项目如下。

（1）系统是否安装恶意代码方法软件，即杀毒软件。

（2）应支持防恶意代码的统一管理。

6. Solaris 操作系统资源控制加固项目有哪些？

答：Solaris 操作系统资源控制加固项目如下。

（1）应通过设定终端接入方式、网络地址范围等条件限制终端登录。

（2）应根据安全策略设置登录终端的操作超时锁定。

（3）应根据需要限制单个用户对系统资源的最大或最小使用限度。

（4）应关闭或拆除主机的软盘驱动、光盘驱动、USB 接口、串行口等，确需保留的应严格管理。

第四节　AIX 操作系统

1. AIX 操作系统用户身份鉴别加固项目操作步骤是什么？

答：AIX 操作系统用户身份鉴别加固项目操作步骤如下。

执行 more /etc/shadow 文件，必须出现类似配置如“root:!1qweYdas2#42P:14296:0:9999:7:::”，其中 root 表示为账号，一段类似 MD5 码的表示密码加密存储（如为空则表示为空密码），9999 表示密码最长有效期限。

2. AIX 操作系统用户名和口令加固项目操作步骤是什么？

答：AIX 操作系统用户和口令加固项目操作步骤如下：使用命令“vi /etc/security/user”修改配置文件，有选择地修改以下策略。

maxage=13（口令最长有效期为 13 周）

maxexpired=4［口令过期后 4 周内用户可以更改（建议为 0）］;

maxrepeats=3（口令中某一字符最多只能重复 3 次）

minlen=8（口令最短为 8 个字符）

minalpha=2（口令中最少包含 2 个字母字符）

minother=1（口令中最少包含一个非字母数字字符）

mindiff=4（口令中最少有 4 个字符和旧口令不同）loginretries=5（连续 5 次登录失败后锁定用户）histexpire=26（同一口令在 26 周内不能重复使用）histsize=8（同一口令与前 8 个口令不能重复）

3. AIX 操作系统登录失败加固项目操作步骤是什么？

答：AIX 操作系统登录失败加固项目操作步骤如下。修改 /etc/security/login.cfg 文件中：

logindisable = 5（错误密码次数，输错 5 次账户锁定）

loginreenable = 15（账户锁定时间 15 分钟）

4. AIX 操作系统远程管理加固项目操作步骤是什么？

答：AIX 操作系统远程管理加固项目操作步骤如下：

（1）使用命令“stopsrc -s dhcpd”及 stopsrc -s sendmail 关闭服务，然后使用命令“vi /etc/rc.tcpip”。

（2）修改配置文件，在 dhcpd 、sendmail 行开头添加注释符号“#”。

5. AIX 操作系统审计加固项目有什么？

答：AIX 操作系统审计加固项目如下：

（1）审计内容应包括重要用户行为、系统资源的异常使用和重要系统命令的使用等系统重要安全相关事件，至少包括用户的添加和删除、审计功能的启动和关闭、审计策略的调整、权限变更、系统资源的异常使用、重要的系统操作（如用户登录、退出）等。

（2）审计记录应包括事件的日期、时间、类型、主体标识、客体标识和结果等。

第五章　关系数据库

第一节　金仓数据库

1. 金仓数据库用户如何配置？

答：根据数据库安全管理和系统实际应用需要，合理设置数据库管理员用户、应用程序的数据库操作用户及其权限。

（1）在用户管理界面中增加数据库管理员和各类数据库操作用户。

（2）平台用户：D5000、HISDB、ALARM、EMS、RTDB、MAINTENANCE、STATICS 等。

（3）应用用户：TMR、WDS、IALARM、DSA、EMS_ASSESS、THSCADA、PSGSM2000、PDDSC 等。

2. 金仓数据库口令如何管理？

答：用户密码具备一定强度要求，并定期进行更换。

（1）设置密码的最小长度限制，0 表示无限制，默认值为 0。

```
alter database TEST set password_length=6
```

（2）设置密码至少包含几个数字，0 表示无限制，默认值为 0。

```
alter system set password_condition_digit=3
```

（3）设置密码至少包含几个字母，0 表示无限制，默认值为 0。

```
alter system set password_condition_letter=7
```

（4）设置密码至少包含几个特殊符号，0 表示无限制，默认值为 0。

```
alter system set password_condition_punct=1
```

（5）设置密码是否可以是简单的常见单词，取值范围为 ON/OFF，默认值为 ON。

```
alter system set password_condition_simple=off
```

（6）设置是否允许密码与用户名相同，取值范围为ON/OFF，默认值为ON。

alter system set password_condition_user=off

（7）设置重复使用密码的最小时间间隔，以天为单位，0表示无限制，默认值为0。

alter system set password_time=1

（8）设置允许密码输入错误最大次数，超过则封锁该用户，0表示无限制，默认值为0。

alter system set error_user_connect_times=5

（9）设置被封锁用户的自动解锁时间，单位是分钟，超过时间间隔自动解除用户封锁，默认值为30。

alter system set error_user_connect_interval=5

3. 金仓数据库日志怎么管理?

答：应将关系数据库安装存储在指定目录下，保证数据库目录和文件的授权访问。

（1）数据库配置文件权限为数据库属主用户可读写，其他用户可读取。

（2）数据目录的文件权限设置为700，该文件只允许除超级管理员root用户外，其他用户对该目录不存在读、写执行等任何权限。

（3）数据库的可执行文件以及相关的环境变量的执行和修改权限仅限于数据库属主用户，root、其他用户对数据库环境变量，需在其home目录下的.bashrc设置：

export LD_LIBRARY_PATH=/home/kingbase/KingbaseES/bin: /home/kingbase/KingbaseES/lib:$LD_LIBRARY_PATH

4. 金仓数据库文件及程序代码管理规范是什么?

答：应用程序应将数据库配置信息写在配置文件中，数据库密码不能以明文的形式存在于系统配置文件。

（1）数据库配置文件权限为数据库属主用户可读写，其他用户可读取。

（2）数据目录的文件权限设置为700，该文件只允许除超级管理员root用户外，其他用户对该目录不存在读、写执行等任何权限。

（3）数据库的可执行文件以及相关的环境变量的执行和修改权限仅限于

数据库属主用户，root、其他用户对数据库环境变量，需在其home目录下的.bashrc设置：

export LD_LIBRARY_PATH=/home/kingbase/KingbaseES/bin: /home/kingbase/KingbaseES/lib:$LD_LIBRARY_PATH。

5. 金仓数据库操作权限怎么设置?

答：金仓数据库操作设置如下：

（1）系统权限的设置。可通过管理工具设置用户权限、有效期、访问间隔、时间设置以及IP地址限制等。

（2）对象权限的设置。可通过管理工具设置用户、角色对数据库对象的增、删、改、查权限，也可回收某个用户、角色对数据库对象的所有权限。

6. 金仓数据库访问最大连接数如何设置?

答：金仓数据库访问最大连接数设置如下：

ISQL -USYSTEM -WXXX TEST（以管理员身份登录数据库）

Select connections（查看数据库目当前进程数）

SQL>alter system set max_connections=xxx（设置一个合理的最大进程数）

Su - root

Service kingbase7d restart（重启数据库）

7. 金仓数据库用户资源如何设置?

答：金仓数据库用户资源设置如下：

（1）指定用户账户的有效期时间，过了该时间后，用户账户不再有效。新建一个有效期到2016-02-01的用户。

CREATE USER new_user WITH VALID UNTIL '2016-02-01';

（2）指定用户密码的有效期时间。过了该时间后，用户的密码不再有效。新建一个密码有效期到2015-02-01的用户。

CREATE USER new_user WITH PASSWORD 'AA' PASSWORD EXPIRE '2016-02-01' ;

（3）CONNECT INTERVAL指定每周几允许用户登录，0表示周日，1-6表示周一到周六。新建一个可以在周一、周三、周四、周五登录的用户。

CREATE USER new_user WITH CONNECT INTERVAL '1，3-5' ;

（4）CONNECT DURATION指定用户的最大连接时间（单位为分钟），当连接时间超过 DuralMaxTime 时，连接断开，0 表示不限制用户的连接时间，取值范围 [0，2147483647]，默认为无限制。新建一个最大连接时间为 2 小时的用户。

CREATE USER new_user WITH CONNECT DURATION 120;

（5）CONNECT IDLE TIME 指定用户闲置的最长时间（单位为分钟），当闲置时间超过 IdelMaxTime 时，连接断开，0 表示不限制用户的闲置时间，取值范围 [0，2147483647]。新建一个最大空闲时间为 2 小时的用户。

CREATE USER new_user WITH CONNECT IDLE TIME 120;

（6）CONNECTION LIMIT 指定用户的最大并发连接数目。–1 表示无限制，取值范围 [–1，2147483647]，默认为无限制。新建一个最大并发连接数为 5 的用户。

CREATE USER new_user WITH CONNECTION LIMIT 5;

（7）IP LIMIT 指定允许用户登录的客户端 IP 地址。“*”表示无限制，默认为无限制。多个 IP 用“,”分割，如果限定为本机，请使用“127.0.0.1”。新建一个只允许在“192.168.4.10”登录的用户。

CREATE USER new_user WITH IP LIMIT '192.168.4.10';

8. 金仓数据库访问 IP 限制如何设置?

答：金仓数据库访问 IP 限制设置如下：

（1）进入 sys_hba.conf 文件所在的目录。

cd /opt/Kingbase/ES/V7/data

（2）修改 sys_hba.conf 配置文件。

host all all 192.168.0.0/24 md5 0

9. 金仓数据库如何备份?

答：金仓数据库备份方法如下：

（1）修改备份脚本 kdb_backup.sh 相关参数部分。

kdb_home="/opt/Kingbase/ES/V7"（数据库安装目录）

kdbback_dest="/opt/kingbase_bak"（备份目录）

kdb_user="SYSTEM"（用户名）

kdb_pass="MANAGER"（密码）

kdb_port="54321"（端口）

kdb_host="127.0.0.1"（服务器 IP）

kdb_list="TEST，SAMPLES"（备份的数据库）

keep_time="7"（备份文件保存天数）

（2）制定定时任务。

crontab -e（编辑用户当前的 crontab 文件）

12 xxx/home/kingbase/kdb_backup.sh（每天备份一次）

第二节 达梦数据库

1. 达梦数据库口令如何管理?

答：达梦数据库口令管理方式如下：

（1）将数据库配置文件 dm.ini 中 PWD_POLICY 参数由 0 修改为 31，保存后重启数据库服务。

（2）通过数据库管理工具以管理员账户登录到数据库实例，在安全—登录中修改对应登录的资源限制选项。主要包括口令使用期、登录失败次数（登录失败锁定账号对应的次数阈值）、最大连接数等选项。

2. 达梦数据库操作权限怎么设置?

答：根据业务要求，通过对数据库的系统权限和对象权限的设置，合理配置用户访问权限。

（1）通过设置用户属性的角色和对象权限来限制用户所能访问的表，以及相关表或者对象的访问权限。

（2）通过管理工具设置每个库下对于用户的系统权限和对象权限。其中所属角色选择 RESOURCE。

（3）如果该用户需要访问其他用户下的模式，则通过对象权限配置页进行设置，可以选择对应的增删改查等操作权限。禁止直接赋予用户 DBA 角色。

3. 达梦数据库访问最大连接数如何管理?

答：保证应用程序及用户访问数据库的连接数保持在合理范围，防止程序对数据库的非正常访问连接导致数据库故障或异常。对所有用户访问数据库最大连接数量均应进行限制。

（1）在数据库管理工具以管理员账户登录到数据库实例，在安全—登录中修改对应登录的资源限制选项，设置其中最大连接数等选项。

（2）对多个用户共用的数据库（如 HISDB、EMS）配置其数据库连接数可以较大。

4. 达梦数据库日志怎么管理？

答：数据库应提供用户操作日志记录功能，记录访问数据库的 IP 地址、用户名称、操作语句等信息。

（1）在 dm.ini 中配置参数 SVR_LOG，SVR_LOG_FILE_NUM 和 SQL_LOG_MASK，其中 SVR_LOG 参数表示每个 SQL 日志文件中记录的消息条数，SVR_LOG_FILE_NUM 参数表示每个库总共记录多少个日志文件。SQL_LOG_MASK 参数设置记录的语句类型掩码，表示一个 32 位整数上哪一位将被置为 1，置为 1 的位则表示该类型的语句要记录。

（2）日志文件的命令格式为 log_commit_ 库名 _ 时间 .log。

5. 达梦数据库安装怎么管理？

答：梦数据库安装管理方法如下：

（1）数据库安装目录与数据文件存放目录和备份文件目录分离。

（2）仅数据库管理员用户对数据库路径具有读、写、删、改权限。授权用户可以访问上述路径，其他操作系统用户不具备访问权限。

6. 达梦数据库文件及程序代码如何管理？

答：达梦数据库文件及程序代码管理如下：

（1）加密工具。根据加密算法设计并实现加密工具，当修改配置文件中的密码时，使用加密工具获取密码暗码，将暗码更新至配置文件中。

（2）解密算法库。将加密算法与解密算法封装成算法库，当应用程序解析配置文件中密码字段时，调用算法库中解压算法，得到明文密码。

（3）应用程序变更。将应用程序中有关数据库连接信息从源码移到配置文件，当需要修改数据库用户口令时，可通过加密工具获得口令的加密暗文，将其替换原先的口令。应用程序通过加密动态库获取配置文件中用户名和密码，连接数据库执行后续操作。